汽車維修與實務管理

Automobile Maintenance and Practical Management

黃盛彬・張簡溪俊　編著

推薦序

　　本書係秉持「基於減少汽車新鮮人之學用落差出發，提供最新汽車修護之資訊，導入汽車服務作業安全及衛生，強化修護技術工作範圍中運用汽車檢驗機具、設備及相關技術資料從事車輛之維修、檢驗、修護品質鑑定工作技能 (含全車、鈑金及塗裝等)，建立服務廠管理與作業流程 (含進廠接待、零件管理、保固、保險及顧客滿意等) 知能及建全職場倫理與工作態度」之精神進行編撰。各單元實務操作輔以內容資料新穎，繪圖、編輯與排版清晰之呈現，以深化學習效果。其內容之新穎性在國內尚屬首創，是本書一大特色！內容可讓讀者對汽車維修與實務管理最新知識與技術有全面完整的認識與瞭解，除可供動力機械群科特色課程之教材使用，亦極適合欲從事汽車服務業相關人員及用車人參考。

　　綜上所見，本書作者黃董事長盛彬、張簡校長溪俊兩君係秉持提供最新汽車維修與實務管理之資訊，致力於充實專業之知識與技能，俾利符合汽車科技發展之潮流與時代之新趨勢；另基於對技職教育的責任與教學服務的熱忱，致力教學研究，充實教材內容，提高教學品質與效率，以期對國家技職教育發展有所貢獻之初衷進行本書編撰，為表達敬佩之意，特以為序。

國立臺灣師範大學工業教育系車輛技術組

教授 呂有豐　謹序

推薦序

　　汽車是人們上班及生活上的交通工具，是必需品。而國內的汽車總數近千萬輛，在社會的各個角落都有汽車的身影。因此對於汽車的保養與維修，是人們必備的知識。對於期望進入汽車維修與保養領域的人來說，擁有一本汽車維修與管理的書籍，是當務之急。

　　在教育界服務，熱愛汽車的張簡溪俊校長，與其經營汽車工具業的摯友黃盛彬董事長，有鑑於良書如同益友，可快速幫助學子有效學習，因此針對本身最專長的知識與技術，彙整成「汽車維修與實務管理」一書，祈求造福學子。

　　本書以深入淺出的方式介紹，從廠房設備與工安，到引擎動力機構調校、變速箱拆換、傳動軸、避震器、油壓桿拆裝，引擎之電腦診斷等，無不鉅細靡遺，最後連鈑金與塗裝都有詳述，是一本兼具理論與實務的完美好書。

　　在這知識爆炸的時代，如何有效學習更顯重要。所謂工欲善其事必先利其器，找尋一本好書並加以學習是美好的事。本人敬佩張簡校長與黃董事長為培育學子所做的付出與貢獻。

國立勤益科技大學
陳文淵校長

推薦序

　　作為汽車服務維修產業，國內各車廠或維修廠皆有自己的經營方式。有的靠強大全國市場覆蓋率或人性化服務來與顧客建立長久的合作關係；有的則透過品牌與嚴格的自律，讓顧客相信服務的品質。無論何種方式，核心的關鍵在於為顧客提供專業、有效、快速以及經濟的汽車服務，這種以人為本的服務理念，將是汽車服務維修產業，未來發展的核心競爭力。

　　本書以汽車服務維修廠為場景，將汽車每一項單元作業，導入標準化步驟，每一項步驟以全彩圖文呈現，使維修服務更專業、安全、便捷與標準化，以符合經濟效益。書本內容除了能有效訓練學生實務技能，進而引導學生學以致用，達到銜接職場現況無縫接軌之目標。

　　全書共分十八個章節，內容涵蓋：工安、服務維修、出險理賠接待、工廠作業管理、引擎、板金、塗裝的實作複習與體驗、零件管理及企業文化職場倫理概述，對汽車維修廠的服務作業流程做全面說明，是為從事汽車販賣與維修服務行業做準備。

　　產學合作特經由國內車業工具廠家協助，導入新式的維修工具與工法，並結合當下 4C 產品與 APP 軟體的新式管理運用，讓產學的結合更緊密，學生踏入職場能無縫接軌，除了呼應政府對勞工作業安全的防護理念，也符合業界對提升效率品質的追求與期望。

國立臺南高級商業職業學校

黃耀寬校長

作者序

　　筆者從事學界、汽車界多年，關注學生至業界實習狀況多年，一直思考如何讓學校所學能與業界更契合。因緣際會下，巧遇對汽車工具研發充滿熱忱的巨擘黃盛彬董事長，黃董帶領研發行政團隊開發超過 1600 種工具，其中 80 項產品擁有臺、德、美、日專利，促使汽車維修更安全、更方便、更快捷，並提升維修的經濟效益，也在黃董的鼓勵與支持下，兩人共同提筆著書，期望對學子、車輛維修業、用車人能有所助益。

汽車維修與服務的演變：

　　時代的前進，汽車產品推陳出新、顧客服務理念的抬頭，業界因應趨勢，唯有不斷提升車輛配備與服務營運品質、效率，方能確保顧客滿意，而顧客滿意是企業成長的礎石。所以在維修廠而言，如何提升工作流程設施，各部門如何分工、銜接、整合是確保競爭力，沒有最好、只有更好的重要課題。

汽車新鮮人對汽車服務業的認知：

　　有感於甫踏出校門的新鮮人、踏入職場滿腔期待卻又惶恐。除了自己本科所學專業知識外，對汽車公司其他部門的業務工作狀況是做甚麼？又如何運作？往往因不了解而膽怯惶恐。

業界對新鮮人的期許：

　　一家公司一個廠，就是一個團隊。團隊的要素除了本職的專業外，更要他部門協調互助，建立共識才能建立高品質、高效率的服務團隊。因此對新進人員的期望除了自身的專業還需加入團隊要素，如：工作態度、職場倫理、人際關係、團隊共識…等，這都是業界期望的無形的、重要的軟實力。

學生投入汽車維修業無縫接軌的橋樑：

　　於是筆者以曾是新鮮人、過來人的心境，共同著手本書，讓甫踏出校門投入職場的汽車維修新兵，除了自身所學的專業外，也能全面的了解整個汽車維修廠服務運作的 SOP，期望能協助新鮮人盡快進入狀況，符合業界期待。

　　感謝高都汽車服務廠、佳德車業，在著書時給予協助提供拍攝，謹致萬分感恩與謝意。本書引述的圖片及內容純屬教學及介紹之用，著作權屬法定原著作權享有人所有，絕無侵權之意，在此特別聲明並表達最深感謝。編書校正過程中雖有力求嚴謹，難免會有疏漏地方，望請專家先進不吝指教。

黃盛彬　張簡溪俊　謹識

目錄

Chapter 1　廠房設施與工業安全
- 1-1　工安設施　　2
- 1-2　廠房設施　　3
- 1-3　個人穿戴防護　　7

Chapter 2　維修服務工作流程
- 2-1　一般定期保養與維修～作業流程　　12
- 2-2　出險理賠與鈑噴維修～作業流程　　17

Chapter 3　入廠接待要項
- 3-1　一般引擎保養與維修～接待要項　　28
- 3-2　車身鈑噴修理～接待要項　　32

Chapter 4　工作進度與廠務管理
- 4-1　一般定期保養與維修～作業管理　　40
- 4-2　出險理賠與鈑噴維修～作業管理　　44

Chapter 5　引擎之動力篇～汽門機構調校
- 5-1　汽門機構概述　　52
- 5-2　汽門機構調校實作　　52

Chapter 6　引擎之動力傳遞篇～變速箱拆換
- 6-1　變速箱概述　　62
- 6-2　自動變速箱總成更換實作　　62

Chapter 7　引擎之懸吊系統篇～避震器油壓桿拆裝
- 7-1　懸吊系統概述　　74
- 7-2　避震器拆裝　　74

Chapter 8　引擎之懸吊系統篇～後軸樑鐵套拆裝
8-1　經濟型維修概述　　　　　　　　　　　84
8-2　後軸樑鐵套拆裝實作　　　　　　　　　84

Chapter 9　引擎之底盤篇～輪軸承拆裝
9-1　輪軸承概述　　　　　　　　　　　　　94
9-2　輪軸承拆裝實作　　　　　　　　　　　94

Chapter 10　引擎之電腦檢診篇
10-1　電腦檢診概述　　　　　　　　　　　102
10-2　故障檢診實作　　　　　　　　　　　102

Chapter 11　新式科技裝置
11-1　主動安全裝置　　　　　　　　　　　112
11-2　被動安全裝置　　　　　　　　　　　114
11-3　性能提升裝置　　　　　　　　　　　115

Chapter 12　鈑金之作業淺談
12-1　鈑金作業概述　　　　　　　　　　　120
12-2　鈑金作業流程　　　　　　　　　　　120

Chapter 13　鈑金之設施實作
13-1　小損傷鋼板拉拔實作　　　　　　　　140
13-2　中大損傷八卦台、手術台實作　　　　151

Chapter 14 塗裝之作業淺談
- 14-1 塗裝概述 　　164
- 14-2 噴塗作業流程 　　165

Chapter 15 塗裝之設施與實作
- 15-1 下地處理實作 　　178
- 15-2 噴塗作業流程實作 　　179

Chapter 16 零件管理
- 16-1 庫房管理 　　196
- 16-2 進出貨管理 　　199

Chapter 17 保證補償及保險種類
- 17-1 保證補償 　　204
- 17-2 保險種類 　　206

Chapter 18 顧客滿意與職場倫理
- 18-1 員工滿意、顧客滿意、公司獲利之關聯 　　212
- 18-2 從公司文化看職場倫理 　　213
- 18-3 對「服務」應有的認知 　　214

附錄
- 學後評量解答 　　218
- 工具表 　　222

Chapter 1

廠房設施與工業安全

1-1 工安設施

1-2 廠房設施

1-3 個人穿戴防護

前言：時代快速進展，汽車修理廠不再只是著重在汽車修理。尤其是大品牌的汽車維修廠，皆已將顧客服務滿意、安全衛生、工作效率與企業形象…等等面向，列入廠房的規劃與服務運作的考量。

本章節，將以初入汽車維修行業新鮮人的角度，分別以：1- 工安設施。2- 廠房設施。3- 個人穿戴防護。三面向來說明介紹：

1-1 工安設施～依：安全第一與符合法規考量

環保

資源回收區

廢氣排放管

烤漆防廢氣處理裝置

消防設施

消防設施

消防設施

消防演練

電器相關

高壓電氣間

1-2 廠房設施～依：服務運作流程、顧客滿意與工作效率考量

顧客休息室

吧檯	書報架	桌椅

精品展示櫃	車輛維修資訊看板	客休沙發室

行政作業區

行政辦公室	管理資訊看板	廠區保全監視設施
	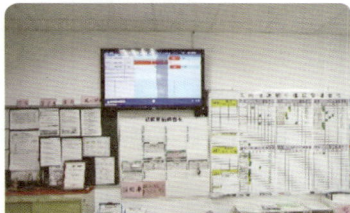	
結帳櫃台	結帳用品置放櫃	各項資訊管理看板

財務接待區

接待立櫃
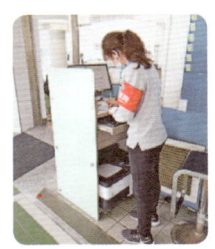

接待物品櫃

工單管理看板
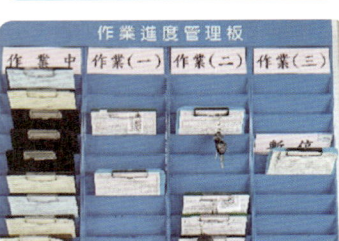

接待區資訊說明公告欄

交車檢查說明設施

接待區

保養維修區

頂車機

移動式快速定保工具台車

個人工具車

輪胎平衡機　　**拆胎機**　　**廢氣排放管**

共用工具室

共用機具間
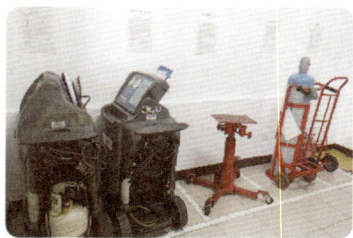

零件室

車體鈑金區

鈑金手術抬

頂車機

個人工具車

工具物料室

離子切割機、CO_2 銲接機、點銲機

共用工具室

新舊零件置放區
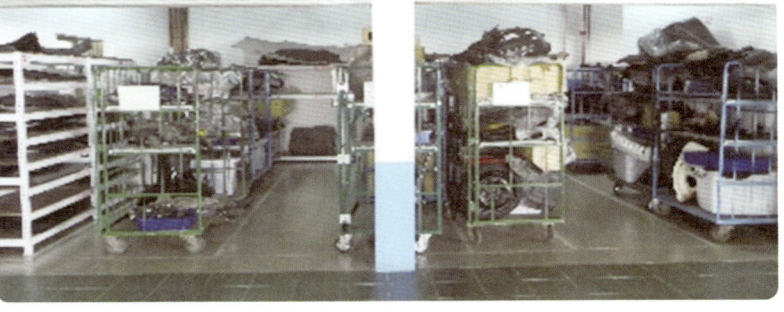

車體塗裝區

烤漆房	漆料室	下地作業室
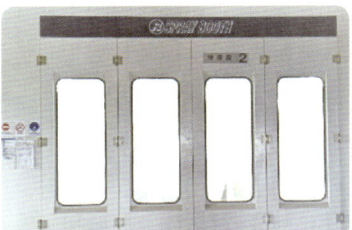	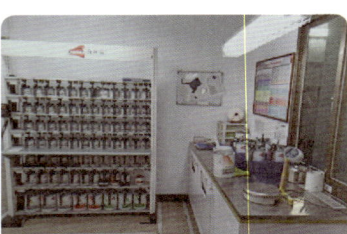	

噴槍清洗台	試噴台
	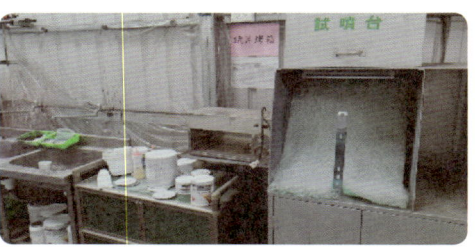

1-3 個人穿戴防護～依：個人工作安全與衛生健康考量（員工是公司重要的資產）

護目鏡

工作帽

防毒面具

棉手套

防塵口罩
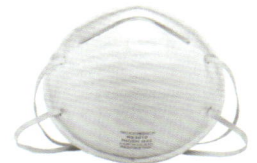

耐溶劑手套

安全鞋

無塵衣
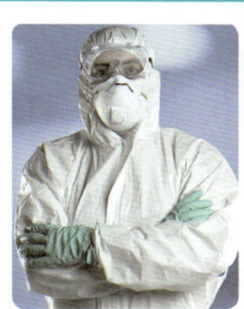

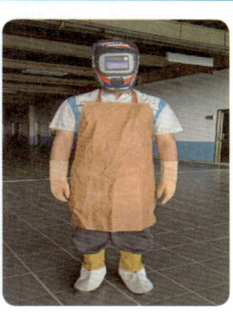

本章後語

【安全與合法】～是企業持續經營的基本！安全～是廠房的安全；也是員工的安全；更是顧客的安全。在安全、合法的基礎，是公司追求成長與永續經營的礎石。

安全的要素：

1. 硬體的【設施、工具】：這是安全的基本要件，也與維修品質和工作效率息息相關。
2. 軟體面的【人員執行與管理】：有了齊全的硬體設施，也需軟體面的人員與管理機制確實去執行，否則也是形同虛設。所以建置、購置硬體設備外，人員的教育訓練、要求管理制度的執行與查核。方能真正落實到【安全第一】！

Chapter 1 學後評量

一、選擇題

_____ 1. 新雇勞工依職業安全法規定，接受一般安全衛生教育訓練，不得少於？
   (A) 2 小時　　　　　　　　(B) 3 小時
   (C) 4 小時　　　　　　　　(D) 5 小時

_____ 2. 職業災害勞工保護法之目的，是為加強預防以下何者？
   (A) 交通事故　　　　　　　(B) 環境汙染
   (C) 公害　　　　　　　　　(D) 職業災害

_____ 3. 油汙灰塵之清除係屬於何者作業？
   (A) 檢查　　　　　　　　　(B) 維護
   (C) 清潔　　　　　　　　　(D) 潤滑

_____ 4. 降低職業病發生率的源頭策略為？
   (A) 改善作業環境　　　　　(B) 健康檢查
   (C) 運動　　　　　　　　　(D) 使用個人防護具

_____ 5. 以下何者為最有效的噪音防治方法？
   (A) 個人防護具　　　　　　(B) 噪音源
   (C) 傳播途徑　　　　　　　(D) 完善的偵測儀器

_____ 6. 下列何者屬於安全的行為？
   (A) 使用防護具　　　　　　(B) 有缺陷的設備
   (C) 不當的警告裝置　　　　(D) 不當的支撐與防護

_____ 7. 因職業的危害因子所引起之勞工疾病，可稱為？
   (A) 法定傳染病　　　　　　(B) 流行疾病
   (C) 職業疾病　　　　　　　(D) 遺傳疾病

_____ 8. 當勞動場所發生死亡職業災害時，雇主應於多久期限內通報勞動檢查機構？
   (A) 12 小時　　　　　　　　(B) 24 小時
   (C) 8 小時　　　　　　　　 (D) 10 小時

_____ 9. 下列何者不是電器火災的主要發生原因？
   (A) 短路　　　　　　　　　(B) 漏電
   (C) 電器火花電弧　　　　　(D) 電纜線置於地上

Chapter 1 學後評量

_____10. 下列何者不屬於職業安全衛生法施行細則之特別危害健康的作業？
　　　　(A) 粉塵作業　　　　　　(B) 會計作業
　　　　(C) 噪音作業　　　　　　(D) 游離輻射作業

二、填充題

1. 汽車修理廠不再只是著重在汽車修理，時代快速進展，在工安設施方面著重 _____ 與 _____ 全方位考量。

2. 汽車維修廠在廠房規劃與服務運作時，廠房設施依 _____ 、 _____ 與 _____ 加以全面性考量設計與規劃。

3. 在工作場所個人穿戴防護，必須依 _____ 與 _____ 嚴格執行，並加以督導考核，因員工是公司重要的資產。

4. 大品牌汽車修護廠在環保方面工安設施，有哪三項： _____ 、 _____ 與 _____ 。

5. 維修廠之安全設施，除消防裝備硬體外，最重要全體員工參與 _____ 。

6. _____ 是企業持續經營的基本。

7. 在安全、合法的基礎上， _____ 與 _____ 是公司的礎石。

8. 修車廠的安全包括： _____ 、 _____ 和 _____ 。

9. 建置/購置硬體設備外，人員的 _____ ，要求管理制度的執行與考核，方能真正落實到安全第一。

10. 有了齊全的硬體設施，還需要 _____ 與 _____ 確實去執行，否則也是形同虛設。

三、問答題

1. 汽車修護廠工安設施區分哪三項？

2. 在維修廠工作，依個人穿戴基本的防護設施有哪些？（請列出五項）

Chapter 2

維修服務工作流程

2-1 一般定期保養與維修～作業流程

2-2 出險理賠與鈑噴維修～作業流程

汽車維修與實務管理

　　汽車～是需要保養修理的：汽車是由數千項零件組合而成。各零件都有其使用期限，或行駛中不慎意外事故造成車輛的損壞，也都需藉由保養與維修，來確保車輛使用壽命、美觀與行車安全。

　　什麼時候該保養修理？怎麼做？車輛機件依其運作頻率與使用狀況的不同，需要維修服務的項目也繁多。但不外乎可分 2 類涵蓋：

1. 定期保養與一般維修，亦可簡易通稱【一般保養維修】。
2. 自費鈑噴與出險理賠維修。亦可簡易通稱【車身鈑噴修理】。因作業屬性不同，一般服務廠在人員編制與作業管理，大都分開作業管理。

　　本篇即是針對汽車維修廠的作業流程做說明。

2-1 一般定期保養與維修～作業流程

一、定期保養

1. 汽車組成零件繁多，各有其功能與使用期限，依運作行駛時間與里程的增加，零件功能會逐漸遞減。
2. 故為維持車輛最佳性能，廠家建議：每「6 個月」或行駛 10000 公里 (先到者為準)。車輛需實施【定期保養檢查】，以確保行車安全。(嚴苛狀況為 5000 公里，各廠家規範不盡相同)。
3. 車輛零件依其功能、行駛里程、使用時間的不同，每次保養項目、應更換零件也不盡相同。
4. 定期保養的目的在：維持車輛性能在最佳狀態，確保行車安全。

二、一般維修

　　除定期的例行保養外，行駛中有發現異常之聲響、震動、異味、漏油、漏水、警示燈亮…等等有可能危及行車安全與舒適的狀況，進廠修理謂之【一般修理】。

三、一般保養維修作業流程

一般保養維修作業，進廠後服務廠的作業流程，說明如下：

一般保養部門作業流程彙整

- 01 入廠
- 02 服務接待
- 03 派工管理
- 04 維修作業
- 05 作業中間說明
- 06 完工確認
- 07 洗車
- 08 交車前檢查
- 09 交車說明
- 10 結帳與相送
- 11 服務後追蹤

Step 01
邀約入廠
自行入廠
預約入廠

對應人員
車主(使用人)、專員

作業內容
1. 本月該做定期保養對象車電話簡訊提醒入廠
2. 了解之前維修履歷
3. 本次維修項目建議與準備

Step 02
服務接待

對應人員
車主、專員

作業內容
1. 委修事項確認
2. 費用說明與簽認
3. 環車檢查(確認車況)
4. 鋪設防護用品(椅套、腳踏墊、方向盤套、葉子板護套(3件式)、排檔桿護套)
5. 開立維修單

 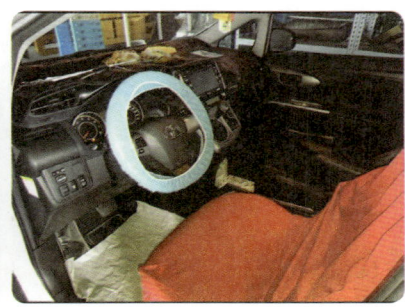 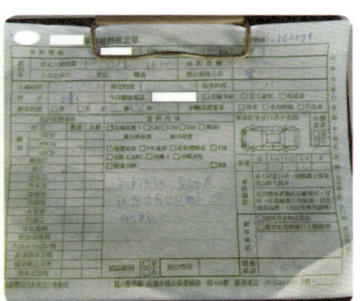

Step 03	對應人員	作業內容
派工管理	引擎幹部、專員	1. 派工順序 2. 技術力等級區分

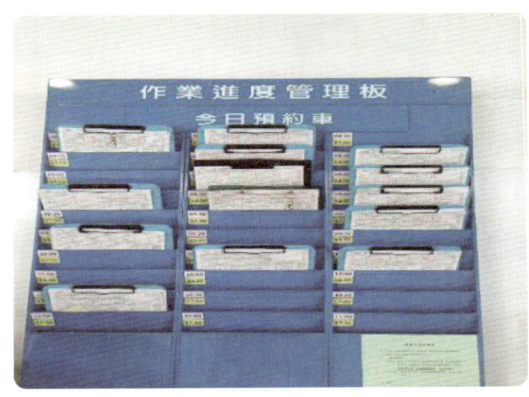 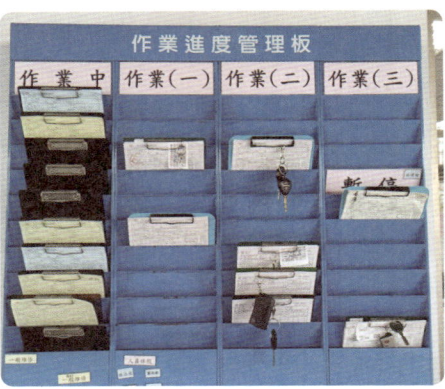

Step 04	對應人員	作業內容
維修作業	技師	1. 確認維修內容 2. 確認能否準時完工

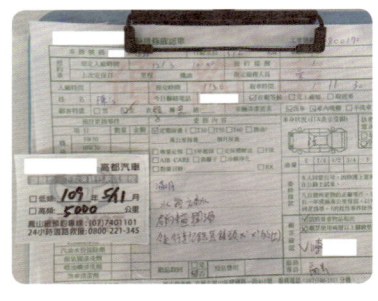  

Step 05	對應人員	作業內容
作業中間說明	車主、專員、技術員	1. 目前維修進度與狀況回報 2. 追加項目說明 3. 完工時間確認

Step 06 完工確認

對應人員	作業內容
技術員、班長	1. 重點工作再檢查確認 2. 次工作交付

  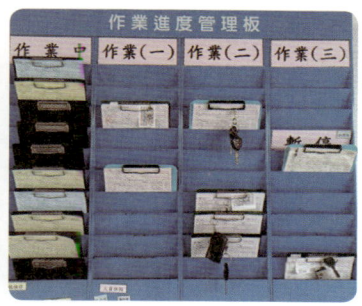

Step 07 洗車

對應人員	作業內容
洗車員、技術員	1. 車內吸塵 2. 車輛外觀清洗擦拭

Step 08 交車前檢查

對應人員	作業內容
專員	1. 重點工作再確認 2. 車主交辦事項再確認

Step 09 交車說明	對應人員	作業內容
	車主(使用人)、專員	1. 維修項目說明與確認 2. 車輛內外狀況說明與確認 3. 本次維修費用說明

Step 10 結帳與相送	對應人員	作業內容
	車主(使用人)、助理、專員	1. 費用明細說明 2. 結帳作業 3. 相送

Step 11 服務後追蹤	對應人員	作業內容
	車主、專員、電訪人員	1. 關懷維修後車況 2. 確認服務滿意度 3. 下次保養提醒

2-2 出險理賠與鈑噴維修～作業流程

一、自費鈑噴定義

車輛因事故造成外觀或車體損傷，需實施鈑金噴漆作業者，而車輛又未投保需自行付費維修者。

二、出險理賠定義

車輛因事故造成人員或車體損傷，車輛有投保車體險，可向投保保險公司申請出險理賠實施車輛維修。

三、鈑噴維修作業流程

鈑噴維修作業，進廠後服務廠的作業流程，說明如下：

鈑噴部門作業流程彙整

- 01 入廠
- 02 服務接待理賠申請
- 03 初估（初步估價）
- 04 初步勘車
- 05 拆看追加作業
- 06 追加項目複勘
- 07 維修授權
- 08 維修作業
- 09 作業中間說明
- 10 完工檢查
- 11 洗車
- 12 交車前檢查
- 13 取車交車說明
- 14 結帳與相送
- 15 服務後追蹤

Step 01	對應人員	作業內容
入廠	車主、理賠助理、專員	辦出險理賠需攜帶：行車執照、駕照、保險卡、印章、(事故三聯單)

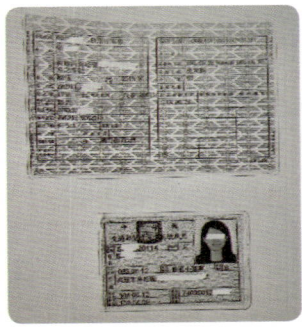
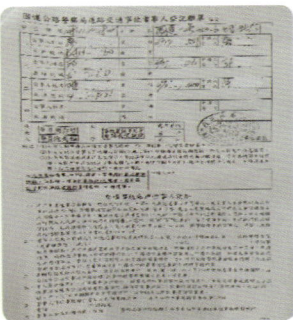
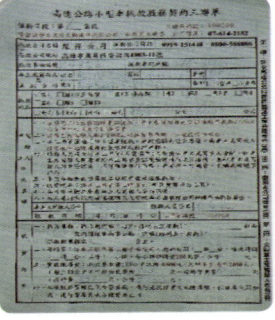
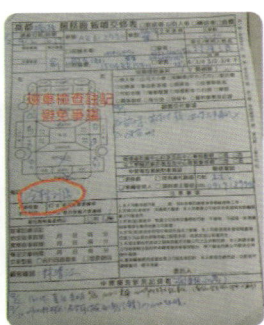

Step 02	對應人員	作業內容
服務接待 理賠申請	車主、理賠助理、 專員	1. 證件影印、出險書填寫 2. 環車檢查里程油量註記，確認需維修損傷部位 3. 鋪設防護用品 (椅套、腳踏墊、方向盤套、葉子板護套 (3 件式)、排檔桿護套)

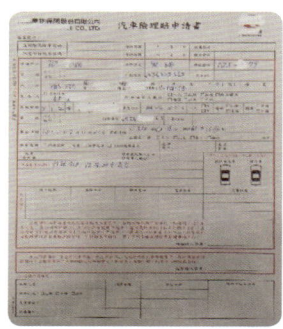 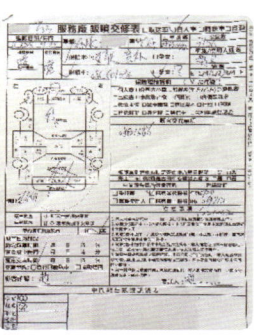 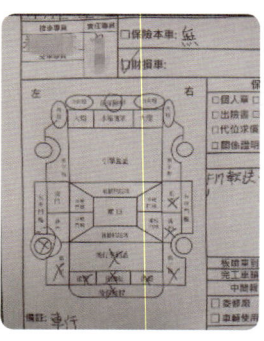 

Step 03	對應人員	作業內容
初估 （初步估價）	車主、理賠專員、 技術員	保險公司理賠依初估估價單比對現車原損傷狀況，來批核工作項目與費用

 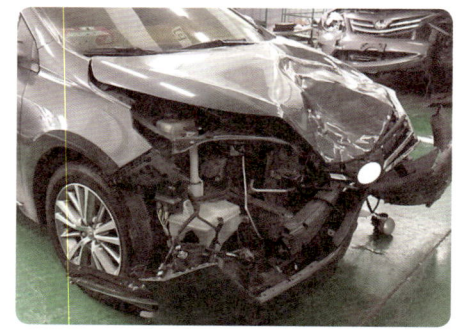

Step 04	對應人員	作業內容
初勘	理賠專員、保險理賠員	保險公司理賠依初估估價單比對現車原損傷狀況，來批核工作項目與費用

  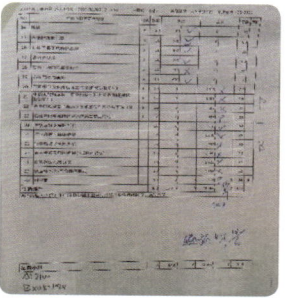

Chapter 2　維修服務工作流程

Step 05　損傷部位拆看追加作業

對應人員	作業內容
專員、技術員	拆除相關外圍物件與零件，以便能清楚判定損傷狀況，實施準確估價，是謂追加作業

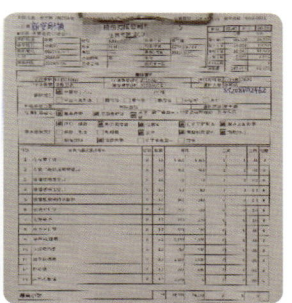

Step 06　追加項目保險公司複勘

對應人員	作業內容
理賠專員、技術員、保險理賠員	專員與技師會同保險公司理賠人員，依追加估價單說明比對已拆卸損傷零件、車況，來批核追加項目與費用

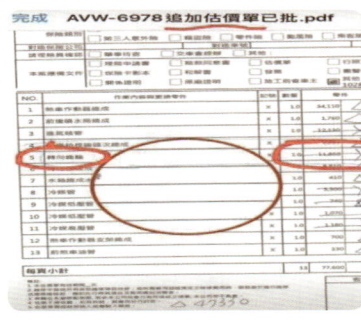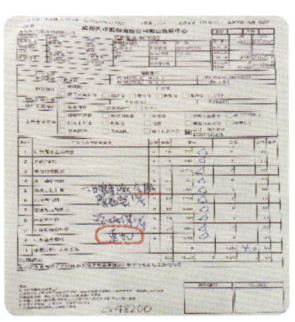

Step 07　維修授權

對應人員	作業內容
車主、理賠專員	保險公司批核後的追加維修費用與內容，需再取得車主同意，方可維修以免爭議

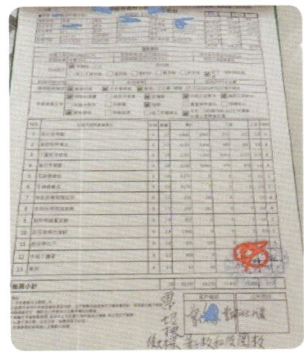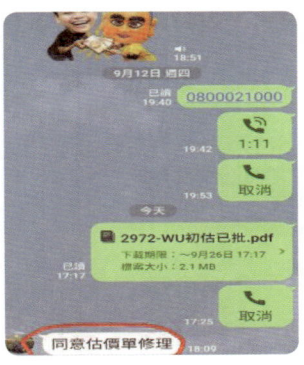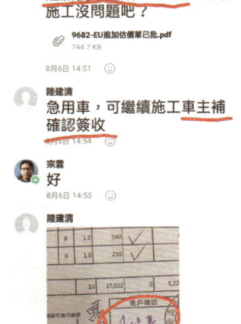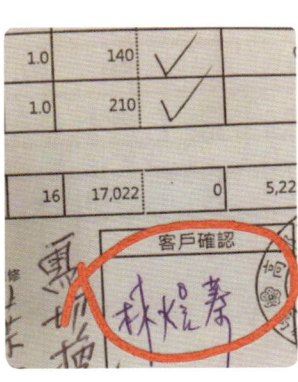

Step 08	對應人員	作業內容
維修作業	技術員	1. 維修內容再確認 2. 車主交辦事項、完工時間確認

 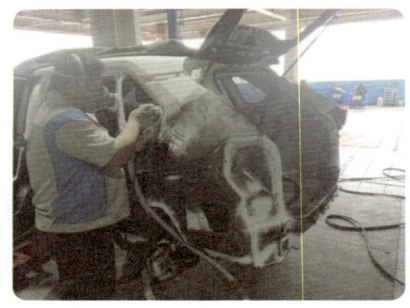 

Step 09	對應人員	作業內容
作業中間說明	車主、專員(技術員)	1. 目前維修進度與狀況(照片) 2. 追加項目說明 3. 完工時間再確認

松 sung
進度~下地

10月23日 08:24

松 sung
進度~車身校正

6月28日 10:09

松 sung

10月23日 08:25

宗霖
等噴漆，預交日7/16

7月8日 10:49

F03岡山委修流程/進度
收到，感謝您
11月22日 10:30

松 sung
進度~車身校正

11月26日 13:39

Step 10	對應人員	作業內容
完工檢查	技術員、班長	1. 重點工作再確認 2. 次工作交付

Step 11	對應人員	作業內容
洗車	洗車員、技術員	1. 車內吸塵 2. 車輛外觀清洗擦拭

Step 12	對應人員	作業內容
交車前檢查	專員	1. 重點維修工作再確認 2. 車主交辦事項再確認

Step 13 交車說明	對應人員	作業內容
	車主、專員	1. 維修項目說明與確認 2. 車輛內外狀況說明與確認

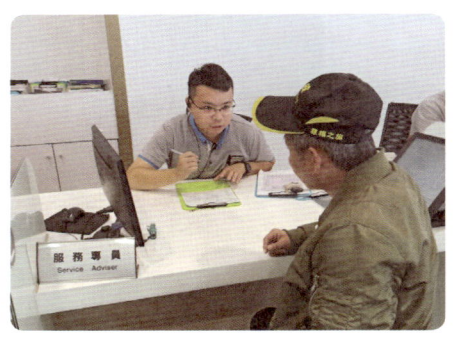 

Step 14 結帳與相送	對應人員	作業內容
	車主、助理、專員	1. 費用明細說明 2. 結帳作業 3. 相送

Step 15 服務後追蹤	對應人員	作業內容
	車主、專員、電訪人員	1. 關懷維修後車況 2. 確認服務滿意度

本章後語

　　從以上作業流程說明：每一件服務作業的完成，是需要各職別人員，在各自工作崗位分工合作，環環相扣共同完成的。

　　除了完成流程之外，怎樣快又好？亦即：怎樣提升效率與品質？是企業不斷追求的目標。凡事沒有最好，只有更好！以上作業流程的說明，是當下普遍的作業範例，但並非各服務廠家皆固定如此作業。隨著法規、設備的更動，不同的硬體設施、人力配置，依現時現地現物，不斷改善作業流程。才能提供高品質高效率的服務，確保顧客滿意，提升企業競爭力！

Chapter 2 學後評量

一、選擇題

_____ 1. 何謂有效的電話溝通？
　　(A) 電話設備品質　　　　　　　　(B) 詢問問題和大聲說話
　　(C) 聆聽、詢問問題和大聲說話。　(D) 說話的速度

_____ 2. 下列何者不是定保預約流程中需提醒的？
　　(A) 當天的天氣　　　　　　　　　(B) 預約的時間、日期再次確定
　　(C) 如有任何變動需與服廠絡　　　(D) 進行預約提醒

_____ 3. 在電話中應對，下列何者不是重點？
　　(A) 保持禮貌及專業
　　(B) 感謝客戶
　　(C) 將「我們不可以…」改成「我們可以…」
　　(D) 利用專業術語表示專業

_____ 4. 進行電話轉接時，何者較適當？
　　(A) 直接轉接可較快速
　　(B) 告訴對方沒有此人
　　(C) 告訴對方分機號碼，讓對方自己轉接
　　(D) 請對方稍候，確定當事人方便時再轉接

_____ 5. 在陪同顧客交車確認時，需作何種說明？
　　(A) 說明保養項目　　　　　　　　(B) 說明待修項目
　　(C) 展示車輛外觀與內部清潔　　　(D) 以上皆是

_____ 6. 顧客最能從電話中感受到什麼？
　　(A) 你的職級　　　　　　　　　　(B) 你的商品知識
　　(C) 你的熱情、關心及熱心協助　　(D) 你的說話技巧

_____ 7. 如何與顧客建立友善觀係？
　　(A) 一同陪往交車區
　　(B) 主動與顧客保持聯絡，對需求提供服務資訊
　　(C) 當顧客上門時，立即引導詢問
　　(D) 以上皆是

Chapter 2 學後評量

_____ 8. 定保提醒系統如何幫助客戶？
  (A) 定保可讓經銷商預約需求零件
  (B) 可預估技術員工作量
  (C) 協助零件部門零庫存
  (D) 在顧客方便、適當的時間內提供有效的保養

_____ 9. 下列何者為確保作業準時完成最重要要素？
  (A) 將交車時間填入工作單，並與服務、零件專員與員工彼此溝通協調
  (B) 確實掌控預約數量
  (C) 延遲交車數量
  (D) 延遲交車時間

_____ 10. 當車主熟識的服務員不在時，應如何應對較適當？
  (A) 請車主稍後再來電
  (B) 向車主致歉，留下車主資料，請當事人儘快回覆
  (C) 直接轉接當事人分機
  (D) 轉給總機

二、填充題

1. 汽車是由數千項零件組合而成，各零件都有其使用期限或行駛中不慎意外事故造成車輛的損壞，也都需藉由保養與維修來確保車輛使用壽命、美觀與 _____ 。

2. 為維持車輛最佳性能，廠家建議每六個月或行駛 10000 公里，先到者為準。車輛須實施 _____ ，以確保行車安全。

3. 除了定期的例行保養外，行駛中有發現異常之聲響、震動、異味、漏油、漏水、警示燈亮等等，都有可能危及行車安全與舒適的狀況，進廠修理謂之 _____ 。

4. 汽車服務廠邀約該做定期保養對象車，邀約入廠流程分為哪二種？
_____ 、 _____ 。

5. 車輛因事故造成人員或車體損傷，車輛有投保車體險，辦理出險理賠須攜帶：行車執照、駕照、保險卡、印章、 _____ 。

Chapter 2 學後評量

6. 在保險公司理賠人員尚未勘車前，車輛須保持原損傷狀態，僅能在不拆除機件下做 _____ 。

7. 拆除事故車輛相關外圍物件與零件，以便能清楚判定損傷狀況，實施準確估價，是謂 _____ 。

8. 保險公司批核後的追加維修費與內容，需在取得 _____ 同意，方可維修避免爭議，是謂維修授權。

9. 車輛進廠保養或維修後，維修廠專員或電訪人員必須做服務後追蹤的二點要項 _____ 、 _____ 。

10. 車輛進廠除了完成流程之外，怎樣快又好？亦即：怎樣提升效率與品質？是企業不斷追求的目標沒有最好， _____ 。

三、問答題

1. 汽車定期保養的目的是甚麼？

2. 車輛發生意外事故，何謂自費鈑噴？何謂出險理賠？

Chapter 3

入廠接待要項

3-1　一般引擎保養與維修～接待要項

3-2　車身鈑噴修理～接待要項

汽車維修與實務管理

　　服務接待專員的角色～是公司的形象代表、是顧客與技師的橋樑、是公司最佳銷售人員(銷售的不只是產品,更是服務)。

　　本章節,將以接待服務人員與顧客的角度,來說明顧客入廠時,服務接待的作業流程。而依顧客入廠目的不同,可分二類做說明:

1. 【一般引擎保養維修】:包括是保養週期到了的例行定期保養與有關引擎、底盤、電器類相關的維修。
2. 【車身鈑噴修理】:車輛因外在因素導致的車身受損的鈑噴維修,是歸屬於車身鈑噴部門的作業範疇。

3-1 【引擎】服務接待要項～一般引擎保養、維修

服務接待要項作業流程彙整

01 邀約與入廠
02 入廠前準備
03 服務接待
04 服務內容確認與簽認
05 排入維修線施工

入廠接待重點
1. 良好第一印象:(服裝儀容、笑、禮儀、備好等他了、稱呼姓)
2. 顧客入廠目的:顧客這次入廠的目的,確認
3. 這次維修費:說清楚講明白!需要的費用、時間、更換項目、作法
4. 我們的承諾:完成顧客需求準時交車

Step 01	作法	目的與注意事項
邀約與入廠	簡訊告知、電話邀約、社群媒體傳達、自行入廠	1. 定期保養邀約:是展現廠家對顧客用車的關懷與提醒;也是服務廠營運的礎石 2. 預約受理:是為了避免車主久候產生抱怨,也是為了服務廠作業平準化(尖峰時服務瓶頸影響品質與效率、離峰時人力閒置浪費)

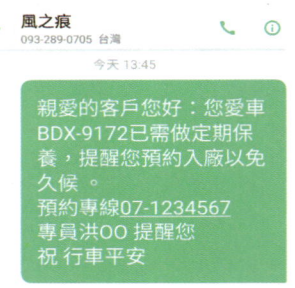

Step 02	作法	目的與注意事項
入廠前準備	預約車準備	確認：該時段修車位、人力是否備妥？零件有庫存否？

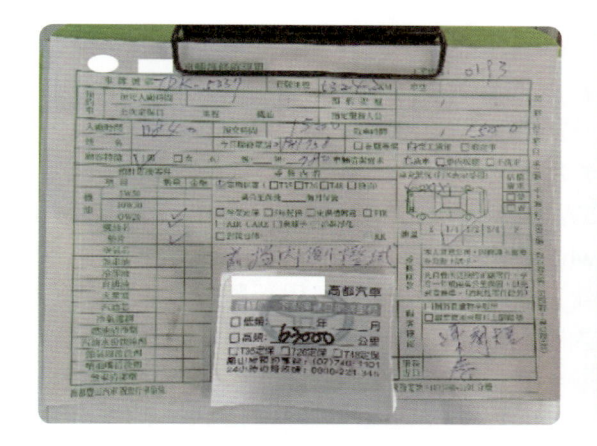

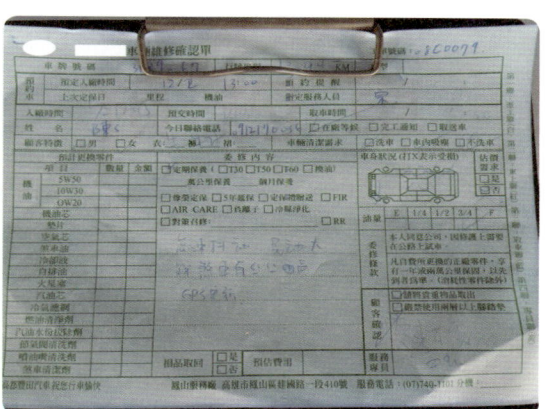

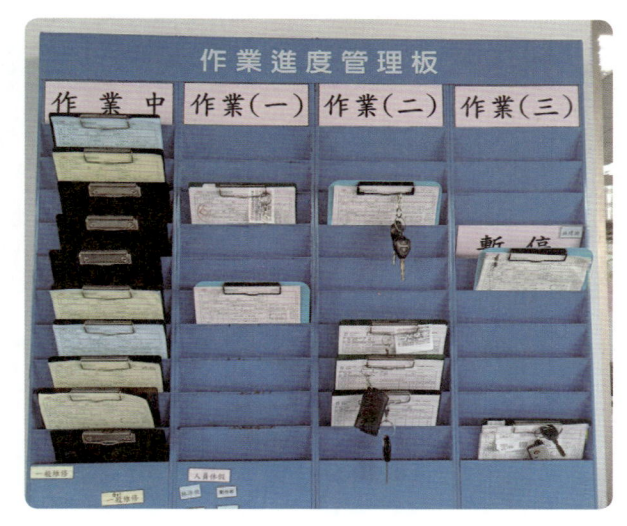

Step 03 服務接待	作法	目的與注意事項
	問候禮儀	1. 服務從親切的問候開始！顧客滿意來自感受！ 2. 笑容、熱情、積極
	了解服務需求	1. 傾聽顧客需求：顧客進廠目的是甚麼？還有甚麼項目需要服務的？ 2. 確認問題點與維修事項：顧客描述問題現象善用 5W1H 5W1H 問診：何人 who? 何事 what? 何時 when? 何地 where? 何事物 why? 及如何作 how 3. 記錄現車狀況（油量、里程數、原車設定、車內物品、環車檢查車身外觀），應保養內容與顧客交修事項

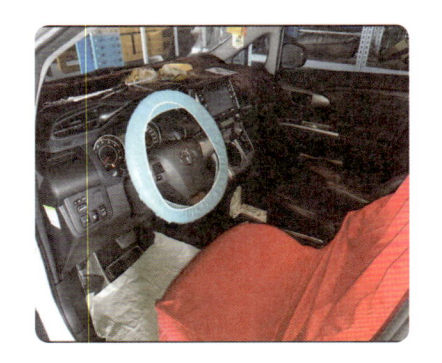

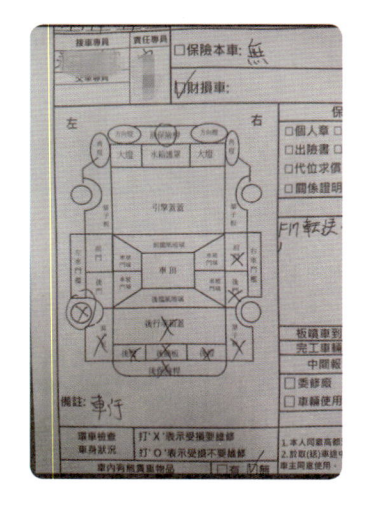

Step 04	作法	目的與注意事項
服務內容 確認與簽認	確認委修工作項目	1. **說明與複誦**：說清楚講明白！依所記錄逐項說明本次維修項目、預計費用？預訂交車時間 2. **再確認有無其他需要服務的**，或給顧客建議的事項（推販） 3. **簽名授權**：取得顧客同意以上所述維修事項

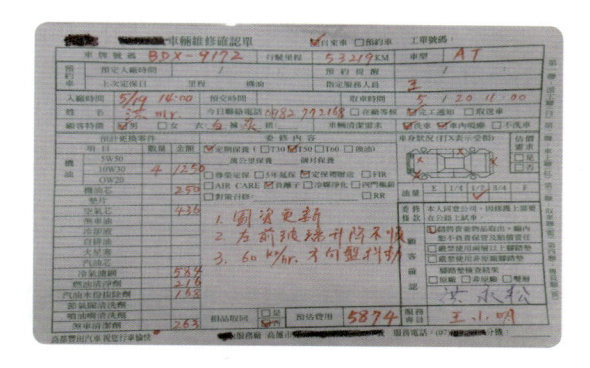

Step 05	作法	目的與注意事項
排入維修線 施工	工作單開立	1. **內容須明確完整**：給技師明確的工作內容，如作業項目、保養需更換零件、另行檢查回覆項目、預計完工交車時間 2. **時間需掌握**：工作單是技師工作項目的遵循依據，何時接到工單就何時開工。是效率計算的基本指標，對廠的工作效率影響甚鉅 3. 有關現場工作進度與管理在第四章節再行說明討論

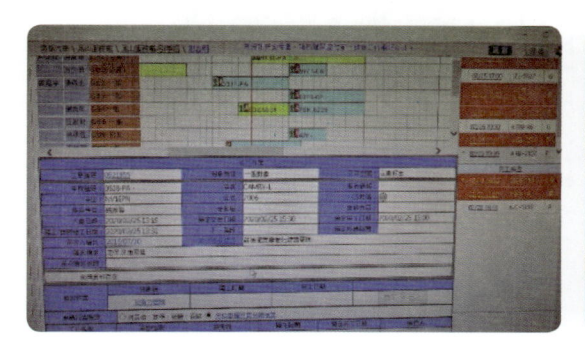

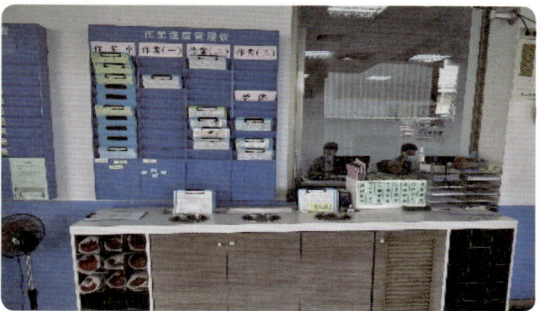

3-2 車身鈑噴修理～接待要項

服務接待要項作業流程彙整

01 保險到期與事故入廠
02 接待了解需求文書作業
03 現車車況與維修項目確認註記
04 服務內容確認與簽認
05 排入維修線施工

入廠接待必須要確認的要點

1. 良好第一印象：服裝儀容、笑容、禮儀、關心車更要關心人
2. 顧客入廠目的：顧客這次入廠的目的，確認
3. 這次維修費：說清楚講明白！證件齊全否、作業流程、作業項目、預交日期
4. 我們的承諾：完成顧客需求準時交車

Step 01	作法	目的與注意事項
保險到期與事故入廠	顧客自行（拖）入廠 預約入廠	若是辦理出險理賠需提醒車主須備的文件（行照、駕照、保險卡、印章、事故三聯單），以免延誤作業時間，徒增抱怨

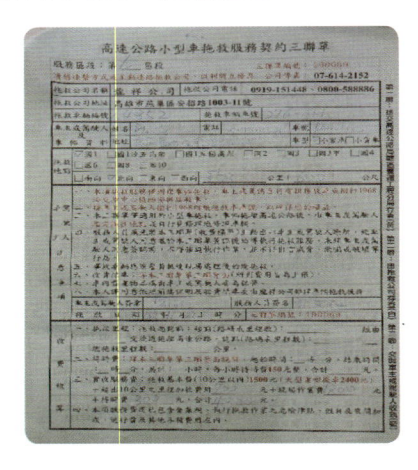

Chapter 3　入廠接待要項

Step 02
保險到期與事故入廠

作法	目的與注意事項
問候禮儀	1. 服務從親切的問候開始！顧客滿意來自感受！ 2. 笑容、熱情、積極 3. 對車輛事故車應有同理心，需注意對人員狀況表示關懷與情緒安撫
出險理賠作業與確認委修工作項目	1. **傾聽顧客需求**：顧客進廠目的是甚麼？還有甚麼項目需要服務的 2. **相關文件**：出險或鈑噴作業文件填寫與影印 3. **說明**：出險作業流程與維修作業相關作法

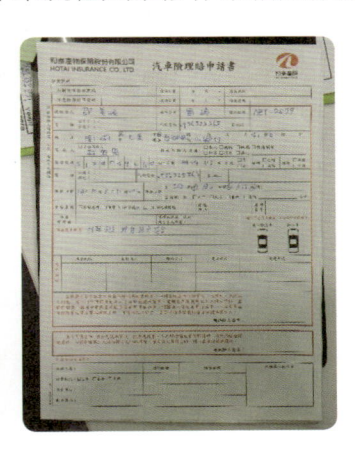

Step 03
現車車況與維修項目確認註記

作法	目的與注意事項
環車檢查確認修與不修項目	1. **現車況記錄：維修部位確認與**環車現車狀況確認（油量、里程數、原車設定、車內物品、車身外觀） 2. **說明與複誦**：依所記錄逐項說明維修項目並待保險理賠人員批核後再做最終維修項目確認

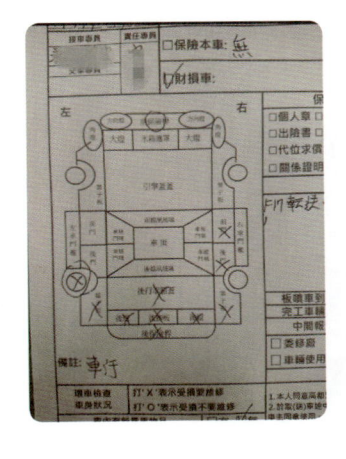

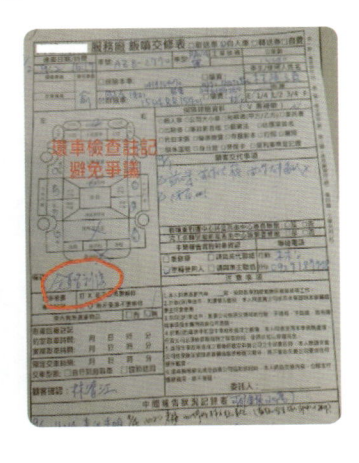

Step 04 估價、保險批核與車主授權維修	作法	目的與注意事項
	估價單通知理賠人員勘核	1. 依工作規範實施估價，誠信原則勿高估也勿漏估 2. 通知保險理賠人員勘車
	取得維修授權同意	1. **說明與複誦**：說清楚講明白！依保險公司批核結果，逐項說明維修項目、預計費用？預訂交車時間？有重大維修項目，需特別註記說明（例如：切換大樑否？） 2. **簽名授權**：取得顧客同意以上所述維修事項

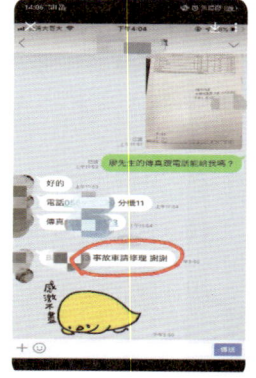

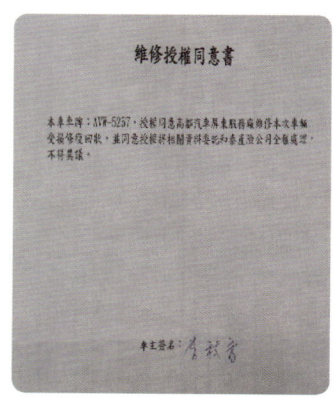

Step 05 排入維修線施工	作法	目的與注意事項
	工作單開立	1. **工單內容須明確完整**：給技師明確的工作內容，如作業項目、拍照、舊品、另行檢查回覆項目、預計完工交車時間…等等，應做好註記 2. **時間需掌握**：實施鈑噴維修，工期較長，顧客用車時間影響較大，對時間的掌握需掌握
	移轉排入現場工作流程	有關現場工作進度與管理在第四章節再行說明討論

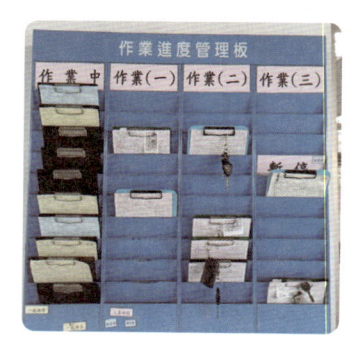

本章後語

　　在服務廠而言：服務接待是顧客入廠的第一印象感受，影響顧客對這次服務的滿意與否。而服務人員每日處理相司作業，對很多作業都認為理所當然就是這麼做，而忘了顧客是約每半年才進廠。所以在做服務接待工作時，對顧客須切記要有同理心【換位思考】。

　　另在服務廠而言，服務接待專員需具備豐富汽車專業知識、現場作業實務經驗、了解公司當下重點施策、顧客應對與抱怨處理的能力。服務接待專員他是公司與顧客的橋樑、是顧客的汽車顧問、是公司的形象、甚至是現場作業的指導者，是一廠之長的儲備人選。

　　有滿意的顧客，才有滿意的業績。而滿意就從服務接待開始。所以服務接待雖不是直接從事生產工作，但對服務廠的經營卻是至關重要，可說是服務廠的靈魂人物。

Chapter 3 學後評量

一、選擇題

_____ 1. 當接待客戶入廠時，以下何者有誤？
  (A) 說明所需費用　　　　　　　　(B) 說明付款方式
  (C) 說明作業時間和預估交車時間　(D) 說明作業的項目及內容

_____ 2. 當顧客抵達時，服務員首先應？
  (A) 迎接顧客並確認其姓名及入廠目的
  (B) 實施環車檢查
  (C) 確認顧客聯絡方式
  (D) 查看可調度技術員及工作進度

_____ 3. 專員對車輛實行環車檢查之動作，以下何者不適合？
  (A) 當顧客車輛太髒時，就不必詳細確認外觀
  (B) 檢查車輛是否有額外服務的需求
  (C) 檢查車輛入廠時之漆面及鈑金狀況
  (D) 確認車內有無貴重物品

_____ 4. 怎樣的說明較能讓顧客了解？
  (A) 據實以告　(B) 明確的結果　(C) 簡單明瞭　(D) 以上皆是

_____ 5. 當接待顧客入廠時，最重要的流程為何？
  (A) 提供公司活動手冊　　　　　　(B) 提供服務手冊影本
  (C) 迎接顧客入廠，表現尊重、歡迎　(D) 準備發票

_____ 6. 以下何者無法讓顧客感受到服務員親切的態度？
  (A) 管理進度，準時交車
  (B) 由經驗豐富的專業技師診斷及詳細說明
  (C) 將顧客的需求真實的轉告技師
  (D) 耐心傾聽後提問，判斷顧客需求

_____ 7. 以下何者非「顧客為尊」的心態？
  (A) 尋求公司的利潤　　　　　　　(B) 找出顧客真正所需
  (C) 盡量符合顧客期待　　　　　　(D) 學習了解顧客的表達方式

Chapter 3 學後評量

_____ 8. 理想的服務接待，不含以下何者？
　　(A) 說明工作內容、項目、時間、經費等
　　(B) 取得顧客口頭承諾
　　(C) 透過詳細的溝通以了解顧客真正需求
　　(D) 藉由檢查和操作車輛以了解車輛實際情況

_____ 9. 以下何者非顧客對服務員的期待？
　　(A) 顧客對服務員的印象在初接觸 30 秒就可成行
　　(B) 服務員在接觸客戶時，要讓顧客感覺被尊重
　　(C) 服務員只要學習應對客戶技巧，其專業知識並不重要
　　(D) 服務員對外代表公司，對公司形象有重要的影響

_____ 10. 應如何確切準備紀錄資訊？
　　(A) 詳細記錄實況　　　　(B) 傾聽顧客描述
　　(C) 分享顧客資訊　　　　(D) 以上皆是

二、填充題

1. 服務接待專員的角色，代表公司的形象，是顧客與技師的橋樑，更是公司最佳銷售人員，銷售的不只是產品，最重要是　　　　　　。

2. 車身鈑噴修理，車輛因外在因素導致車身受損的鈑噴維修，是歸屬於　　　　　　部門的作業範疇。

3. 　　　　　　是展現廠家對顧客用車的關懷與提醒；也是服務廠營運的礎石。

4. 　　　　　　是為了避免車主久候產生抱怨，也是服務廠作業平準化，避免尖峰時服務瓶頸影響品質與效率；離峰時人力閒置浪費。

5. 若是辦理　　　　　　，需提醒車主須備的文件：行照、駕照、保險卡、印章、事故三聯單，以免延誤作業時間，徒增抱怨。

6. 有滿意的顧客，才有滿意的業績，而滿意就從　　　　　　開始，可說是服務廠的靈魂人物。

7. 服務接待員需具備豐富汽車專業知識、現場作業實務經驗、了解公司當下重點施策、　　　　　　與　　　　　　的能力。

Chapter 3 學後評量

8. 服務接待是顧客入廠的第一印象感受，影響顧客對這次服務的滿意與否，所以在做服務接待工作時，對顧客需切記有 _____ 與 _____ 最佳模式。

9. 實施鈑噴維修，工期較長，顧客用車時間影響較大，對 _____ 尤其重要。

10. 現車況紀錄是 _____ 與 _____ ，包含油量、里程數、原車設定、車內物品、車身外觀等。

三、問答題

1. 引擎服務接待，也就是一般引擎保養、維修入廠接待要項有哪四要點？

2. 車輛入廠保養、維修，顧客描述問題現象時，應善用 5W1H 問診，何謂 5W1H 請說明之？

Chapter 4

工作進度與廠務管理

4-1 一般定期保養與維修～作業管理

4-2 出險理賠與鈑噴維修～作業管理

作業進度的管理,是服務廠廠務管理重要的一環。不僅影響著一個廠的營運績效,也攸關顧客滿意與否。在談工作進度管理前,應先思考:工作進度管理要達成甚麼樣的目的?例如:維修項目做甚麼?現在進度?誰做?甚麼時候交?各站甚麼時候應完成?…

各行各業都有尖峰離峰淡季旺季,汽車維修服務亦然。如周六或長假之前服務廠入庫輛往往是平時的 1.3 倍。作業管理除了考量到廠方需求的效率順暢亦需兼顧到車主需求。所以工作進度管理除了當下的工作掌控外,應提前考量到出勤人力安排、車輛預約、假日效應…等因素。本章節仍將以【一般定期保養與維修】與【出險理賠、鈑噴維修】~作業管理,分兩部分做說明。

4-1 一般定期保養與維修~作業管理

一般定期保養與維修作業流程彙整

- 01 容量設定
- 02 派工優先順序與考量
- 03 進度管理與回報
- 04 中間檢查
- 05 異常的處理
- 06 完工檢查
- 07 洗車與交車

Step 01 容量設定	作法	目的與注意事項
	預約容量設定	設定可接受預約的車位?人力?比例?
	人力控管	設定每日出勤人力與排休人員比例
	車位區分	設定快速定保、一般維修的車位與人力

Chapter 4　工作進度與廠務管理

一般維修區　　快速定保區　　預約區

Step 02	作法	目的與注意事項
派工優先順序與考量	工作類別區分	區分快速定保與一般維修區
	技術力區分	依委修項目的難易選派技術力適當的技師
	交車時間區分	依預定交車時間與須工作時間，調整工作順序

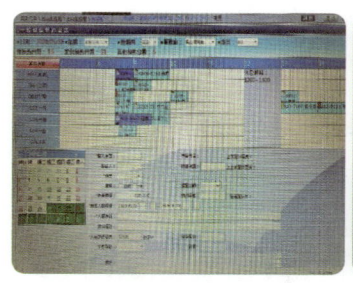

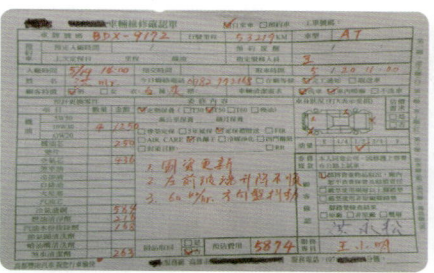

Step 03	作法	目的與注意事項
進度管理與回報	各班進度即時化	目視管理、看板管理、走動管理
	進度回饋	回饋進度狀況給專員、車主（如期提早或延遲交車）

Step 04 中間檢查	作法	目的與注意事項
	關鍵點掌握	重要關鍵工作 double check 幹部再確認（或交叉確認）
	進度掌握	確認能否準時交車

Step 05 異常的處理	作法	目的與注意事項
	發覺異常	進度延遲（異常狀況）顏色提醒當面提報
	了解異常	原因？應變作法？回報！
	處理異常	技師、車位、物料、顧客的應變處理

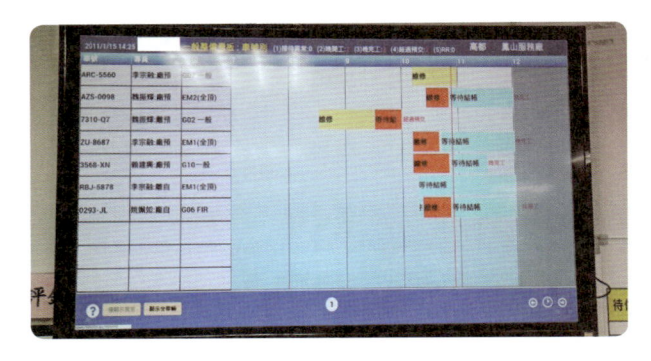

Step 06 完工檢查	作法	目的與注意事項
	應修項目	本次維修部位再確認，該修的項目都 OK 了嗎？
	另外交辦事項	有其他交辦事項嗎？
	追加項目	有另外再追加的項目嗎？
	基本的安全檢查	其他必要的安全檢查（油、水、胎壓、燈光）
	清潔與物品歸位	車輛清潔、恢復原來車內擺設

Step 07 洗車與交車	作法	目的與注意事項
	車內吸塵車身清潔與物品歸位	1. 維修品質的第一印象！重要 2. 車輛清潔、恢復原來車內擺設

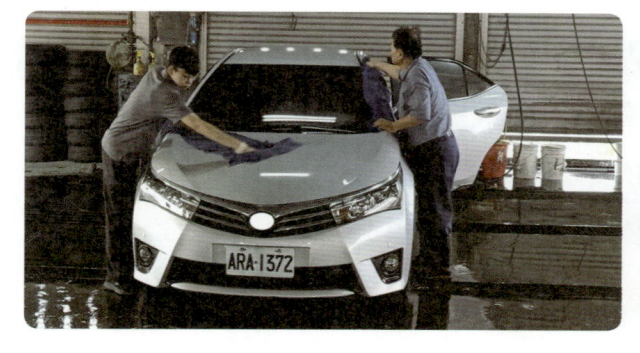

4-2 出險理賠與鈑噴維修～作業管理

出險理賠與鈑噴維修作業流程彙整

- 01 確認維修相關項目
- 02 各站別工期排定
- 03 進度管理與回報
- 04 中間檢查
- 05 異常處理
- 06 完工檢查
- 07 洗車與交車

Step 01 確認維修相關項目

作法	目的與注意事項
維修項目確認	依工作單核對確認維修項目與其他部位狀況
維修類別確認	需照相案號註記否

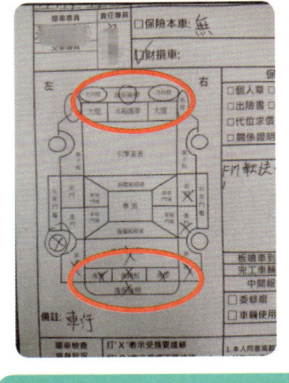

Step 02 各站別工期排定

作法	目的與注意事項
工作類別區分	區分小損傷與中大損傷維修
技術力區分	依委修項目的難易選派適當的技師
交車時間區分	依預定交車時間與須工作時間，調整工作順序

Chapter 4 工作進度與廠務管理

Step 03 進度管理與回報	作法	目的與注意事項
	各班進度即時化	目視管理、看板管理、走動管理
	進度回饋	回饋進度狀況給專員、車主（如期 提早或延遲交車）

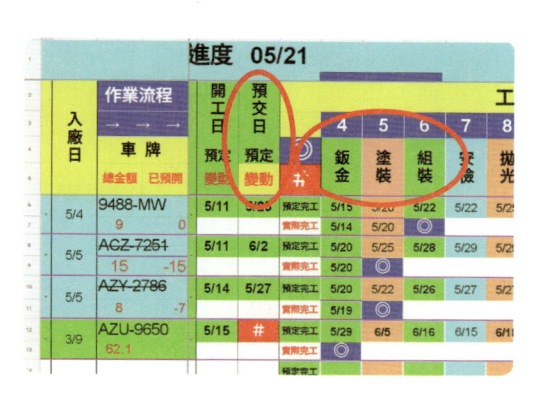

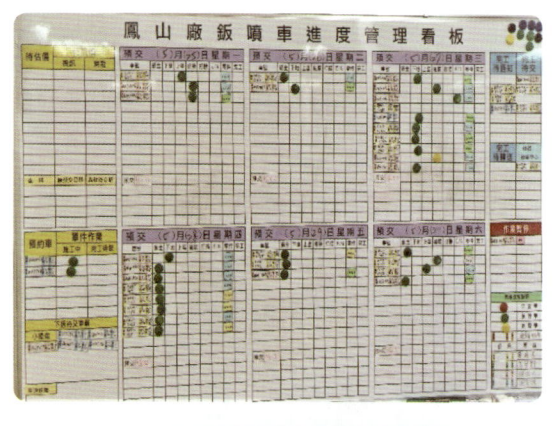

Step 04 中間檢查	作法	目的與注意事項
	關鍵點掌握	重要關鍵工作 double check 幹部再確認（或交叉確認）
	進度掌握	確認能否準時交車

Step 05 異常處理	作法	目的與注意事項
	發覺異常	進度延遲（異常狀況）顏色提醒當面提報
	了解異常	原因？應變作法？回報！
	處理異常	技師、車位、物料、顧客的應變處理

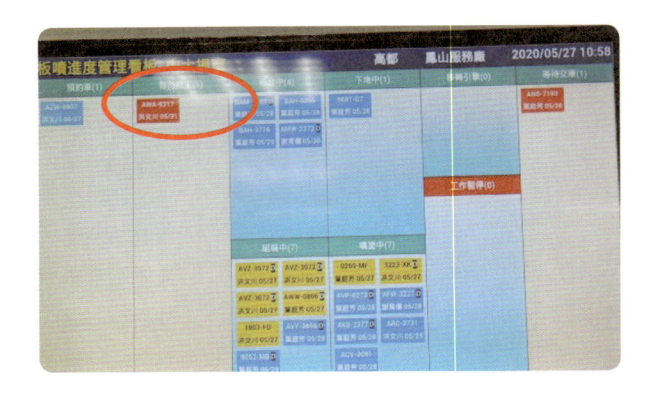

Step 06 完工檢查	作法	目的與注意事項
	應修項目	本次維修部位再確認，該修的項目都 OK 了嗎？
	另外交辦事項	有其他交辦事項嗎？
	追加項目	有另外再追加的項目嗎？
	基本的安全檢查	其他必要的安全檢查（油、水、胎壓、燈光）
	清潔與物品歸位	車輛清潔、恢復原來車內擺設

Chapter 4　工作進度與廠務管理　47

Step 07	作法	目的與注意事項
洗車與交車	車內吸塵車身清潔與物品歸位	1. 維修品質的第一印象！重要 2. 車輛清潔、恢復原來車內擺設

本章後語

　　【進度異常狀況】的發生，應思考發生根源在哪？是人力？技術力？作業安排？還是…？應找出根因，避免再發。要記得每一個異常，都是改善的契機。同時也要注意回報與顧客方面的處理，異常作業處理是幹部的挑戰，也是廠務管理的重要課題。

　　各廠家的硬體規劃設置、人員編制與公司體制不盡同。因此作業管理本無固定不變的作業模式，且隨硬軟體的不同與演變，唯有秉持【沒有最好，只有更好】求新求變的精神、才能調整出最符合自己現況的最佳運作模式。

Chapter 4 學後評量

一、選擇題

_____ 1. 進行維修時，以下何者不正確？
(A) 技術員應實施完工品質檢查，並填寫品質檢查表
(B) 關於安全性的維修，需要技術專員或技術試驗，以確認故障排除
(C) 中間的檢查就不需經專業的服務員實施
(D) 更換下的零件在未經顧客確認前不可自行丟棄或回收

_____ 2. 在何狀況下應特別注意品質檢查作業，以避免顧客的抱怨？
(A) 進廠重修時　　　　　　　(B) 新車滿日檢查時
(C) 車輛健檢活動時　　　　　(D) 定期保養車輛時

_____ 3. 何者為「車輛清洗」時的檢查項目？
(A) 內部地毯已吸塵，菸灰盒內的菸灰已清除
(B) 是否移除清洗時駕駛座內的防護組
(C) 車輛外觀是否已清洗乾淨
(D) 以上皆是

_____ 4. 以下何者非腳踏墊安全檢測的重點？
(A) 腳踏墊是否髒汙　　　　　(B) 固定扣是否扣上
(C) 是否有使用雙層腳踏墊　　(D) 腳踏墊與油門踏板是否會互相影響

_____ 5. 依統計下列何者為保養疏失的前三名？
(A) 忘記鎖緊機油蓋　　　　　(B) 忘記添加機油
(C) 忘記鎖緊軸殼的螺帽　　　(D) 錯誤使用抹布

_____ 6. 對於保修作業，以下何者正確？
(A) 如通知顧客追加狀況後，工單或電腦系統確認時，需責任者簽名、及詳細時間、日期
(B) 交通作業完成後，工單或作業系統紀錄，有責任者的簽名、時間及日期
(C) 作業完成後，工單及電腦系統中記錄完工時間
(D) 以上皆是

Chapter 4 學後評量

_____ 7. 針對保修作業,以下何者錯誤?
  (A) 必須先把顧客的發票備妥,以免遺失
  (B) 在發現額外作業時,應立即取得顧客同意
  (C) 隨時與技術協調以確保工作按時完成
  (D) 如顧客同意額外維修,新的項目必須清楚告知技師

_____ 8. 何者非引擎蓋檢查程序?
  (A) 檢查車輛引擎下方有無漏油、漏水
  (B) 檢查車輛有無異音或異味
  (C) 由左至右
  (D) C 字型檢查

_____ 9. 下列何者非預防疏失的方法?
  (A) 落實作業的 SOP (B) 由第三方再次的確認
  (C) 幹部間的交叉確認 (D) 依賴專業的廠長,進行保養檢查

_____ 10. 當顧客只需定保預約時,服務人員為確保零件準時供應,應採取何種作為?
  (A) 不需任何準備,保養廠即可迅速備妥定保所需零件
  (B) 在預約前一日,再一次確認所需零件的庫存情形
  (C) 在預約當日提出零件需求即可
  (D) 車輛進入修車位時,技術員再依實際所需提出申請

二、填充題

1. _____ 的管理,是服務廠廠務管理重要的一環。

2. 週六或長假之前,入廠維修車輛往往是平時的 _____ 倍。

3. 作業管理除了考量到廠方要求的效率,亦需兼顧到 _____ 需求。

4. 一般定期保養與維修,在各部門進度管理區分哪三種? _____ 、_____ 、_____ 。

5. 車輛進場後,除工作進度管理外,應提前考量到出勤人力安排、_____ 、假日效應等因素。

6. 洗車與交車時，_____、_____ 與 _____ 務必到位，是維修品質的第一印象。

7. 作業管理本無固定不變的模式，唯有秉持 _____ 的精神，才能調整出最符合現況的最佳運作模式。

8. 維修廠派工優先順序，依類別區分為 _____ 與 _____ 。

9. 定保服務在結帳步驟有那四項？(a) _____ (b) _____ (c) _____ (d) _____ 。

10. 保修作業檢查時，應確認維修單上所描述 _____ 是否已排除。

三、問答題

1. 一般定期保養與維修，作業進度的管理項目有哪七項？

2. 車輛進廠保養與維修，有進度異常狀況發生時，應如何應變？

Chapter 5

引擎之動力篇～汽門機構調校

5-1　汽門機構概述

5-2　汽門機構調校實作

5-1 汽門機構概述

　　汽門機構～結構頗為複雜、精密。而汽門桿油封為橡膠材質，安裝在引擎本體內的高溫環境下作業。隨引擎運轉時間增長，油封橡膠會逐漸硬化，密封效能也會逐漸遞減。因而使機油經由汽門導管滲流到燃燒室內，造成燃燒室積碳、引擎耗機油(俗稱吃機油)、排藍煙等等的不良狀況。

　　傳統維修作業方式是拆下引擎汽缸蓋，分解汽門機構，方能從事汽門油封更換作業。作業流程非常繁瑣，耗時、耗材也相對維修費用也高。

　　因而有廠家開發免拆式汽門彈簧拆裝工具，大大縮短了汽門油封更換的作業時間，也降低了維修費用。因此本章節即是以免拆式汽門彈簧拆裝工具組為作業範例，供同學們實習參考。

5-2 汽門機構調校實作

必要工具：

CS 五寶：(方向盤護套、腳踏紙、椅套、葉子板護套(3件式)、排檔桿護套)

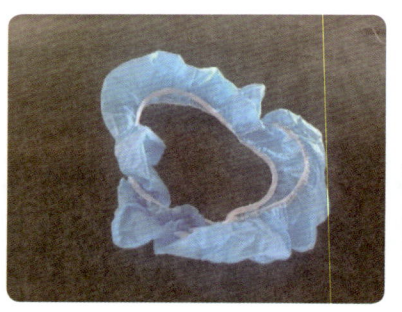

工具車　　　　多工能免拆式汽門彈簧拆裝工具組

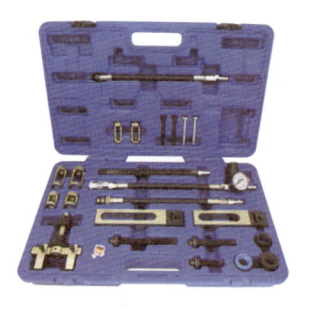

引擎之汽門機構作業流程彙整

01 拆除汽門蓋周邊附件
02 對正時記號
03 固定正時鍊條與曲軸
04 拆下汽門機構
05 灌入空氣頂住汽門
06 架上拆裝工具
07 拆下汽門彈簧鎖扣
08 更換汽門桿油封
09 更換其他汽門桿油封
10 撤下拆裝工具
11 裝回汽門機構
12 裝回正時鍊條及周邊附件
13 發動引擎測試、檢查

Step 01　拆除汽門蓋周邊附件

作法：拆除汽缸蓋周邊相關連結附件

目的與注意事項：拆除附件注意固定，避免干涉汽門蓋取出作業

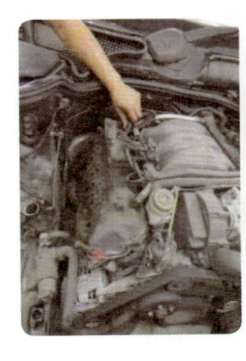

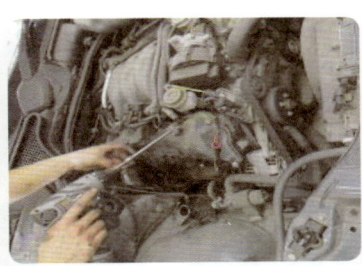

Step 02　對正時記號

作法：扳轉曲軸至正時記號處

目的與注意事項：以便固定汽門正時位置

Step 03 固定正時鍊條與曲軸	作法	目的與注意事項
	以束圈固定齒輪與鍊條位置	固定要確實，避免汽門正時錯亂

Step 04 拆下汽門機構	作法	目的與注意事項
	取下汽門搖臂機構與凸輪軸	注意拆下零件的擺放順序與清潔

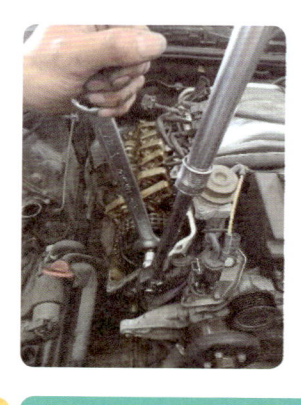

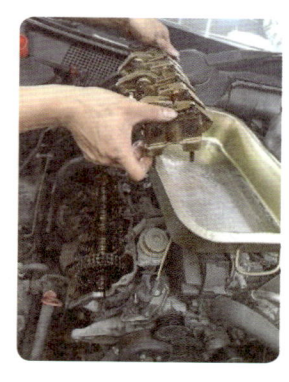

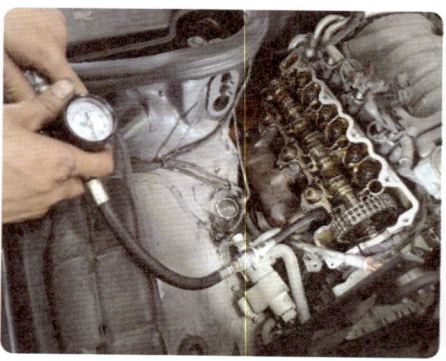

Step 05 灌入空氣頂住汽門	作法	目的與注意事項
	將欲更換的汽門導管固定在閉合位置	確認灌入空氣壓力已頂住汽門，避免汽門桿掉落汽缸內

| Step 06 架上拆裝工具 | 作法 架上汽門彈簧拆裝特殊工具 | 目的與注意事項 確實固定牢靠,確保汽門彈簧壓縮作業安全 |

| Step 07 拆下汽門彈簧鎖扣 | 作法 壓縮汽門彈簧取出鎖扣 | 目的與注意事項 取出汽門彈簧 方能進行油封更換作業 |

| Step 08 更換汽門桿油封 | 作法 取出舊油封套裝入新油封 | 目的與注意事項 油封要確認確實裝到定位 |

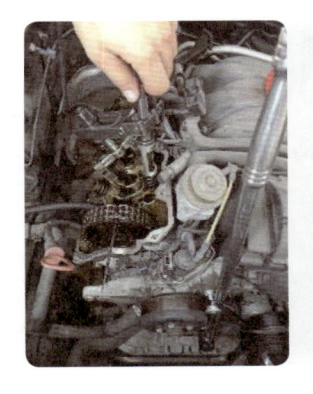

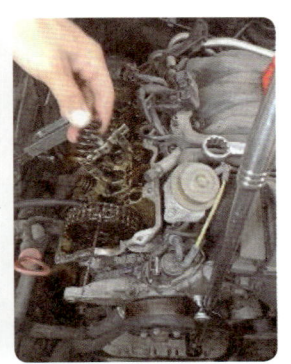

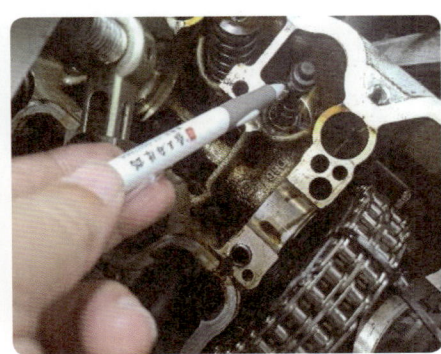

Step 09 更換其他汽門桿油封	作法	目的與注意事項
	再從【流程5】順序更換其他汽門桿油封	確認灌入空氣有頂住汽門，避免汽門滑落汽缸內

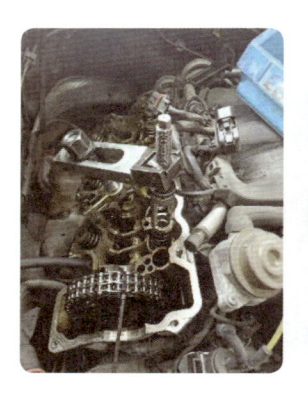

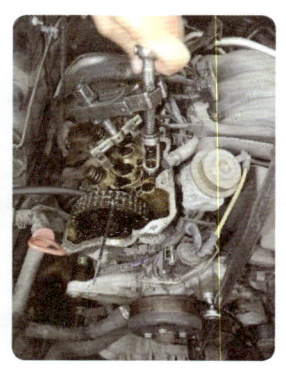

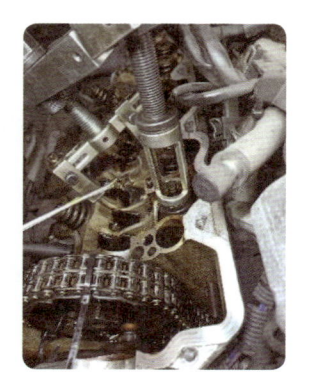

Step 10 撤下拆裝工具	作法	目的與注意事項
	撤下汽門彈簧 拆裝特殊工具	注意工具清潔後再放回

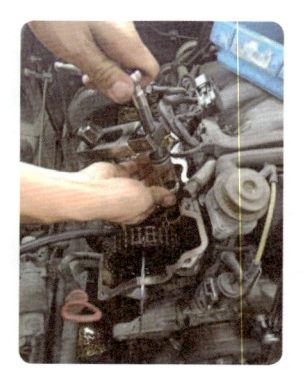

Step 11 裝回汽門機構	作法	目的與注意事項
	依序裝回凸輪軸與汽門機構	注意搖臂機構到正確位置及螺絲鎖緊順序與扭力

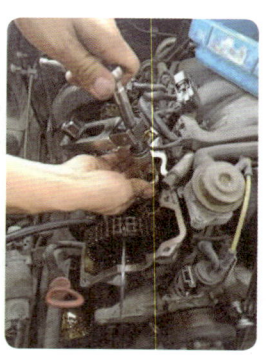

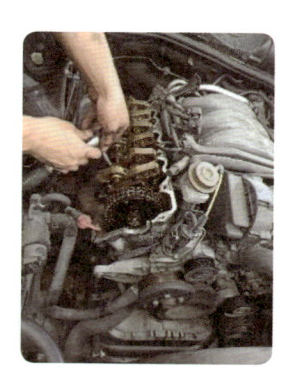

Chapter 5 引擎之汽門機構篇～汽門機構調校

Step 12 裝回正時鍊條及周邊附件

作法：裝回原先拆除的相關零件

目的與注意事項：
1. 注意相關管線復位與接頭結合確實
2. 檢查正時鍊條記號對正否

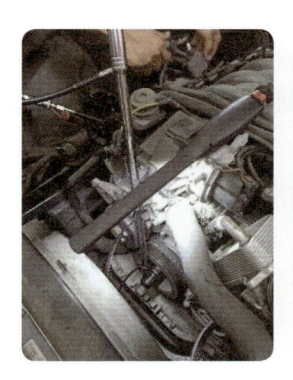

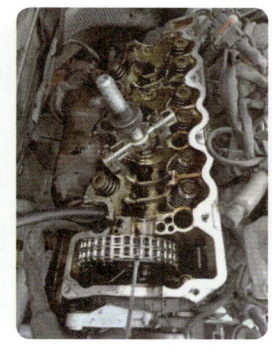

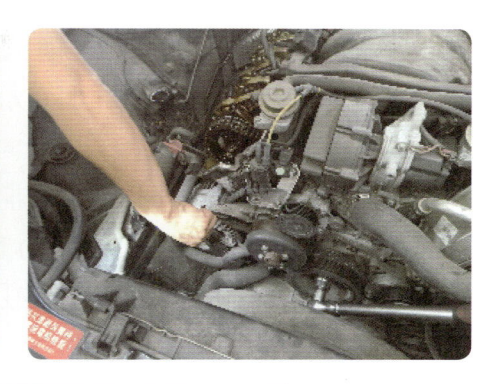

Step 13 發動引擎測、檢查

作法：待汽門蓋密封膠乾後發動測試

目的與注意事項：檢查滲油、排氣、引擎運轉狀況

本章後語

　　汽門機構是頗為精密的機件，拆裝過程務須專注細心。另工欲善其事必先利其器！適當的工具對維修品質與效率影響甚鉅，同時也會反映在維修費用上。

註：本篇由鉅祥公司提供【免拆式汽門彈簧拆裝工具】協助編輯拍攝，在此表示謝意。

Chapter 5 學後評量

一、選擇題

_____ 1. 有關汽門機構的說明，何者為誤？
 (A) 進汽或排汽凸輪軸之轉速是曲軸轉速的一半
 (B) 當汽門間隙有異常的時候，通常會更換凸輪軸來加以確保正確的汽門間隙
 (C) 汽門重疊就是進汽門與排汽門同時開啟的時間
 (D) 進汽門在 TDC(上死點) 前開啟並且在 BDC(下死點) 後關閉，同時排汽門在 BDC 前開啟並且在 TDC 後關閉

_____ 2. 下列有關油泵功能的說明，何者為誤？
 (A) 油泵供給所需油壓到自排變速箱
 (B) 車輛被拖吊期間，油泵會作動，所以不會有任何問題
 (C) 將 ATF 加壓供給
 (D) 油泵是藉著扭力變換器外殼 (引擎) 來驅動

_____ 3. 下列有關潤滑系統的說明，何者為正確？
 (A) 即使濾清器之濾芯部位阻塞時，機油濾清器之釋放閥即會被釋放，所以機油濾清器並不需要定期換新
 (B) 引擎機油無洩漏狀況下，機油量不會減少
 (C) 當機油壓力異常的高或低時，機油警示燈會亮起
 (D) 若機油泵浦之釋放閥卡於開啟位置，它會造成潤滑系統部位咬死

_____ 4. 下列有關排汽系統作用的說明，何者為非？
 (A) 當外部空氣被吸入引擎時，節汽門會利用濾芯來清除外部空氣中的髒汙與灰塵
 (B) 排氣系統設施是由排氣岐管、觸媒轉換器、消音器等所組成
 (C) 空氣濾清器會與車室內的油門踏板產生連動，根據行車狀況來調整吸入汽缸內的混合汽量
 (D) 在引擎排放的排汽處與高溫及高壓狀態下，若直接排放會發出爆炸聲響。因此消音器能夠降低排氣的壓力和溫度，並抑制排放時的聲響

Chapter 5 學後評量

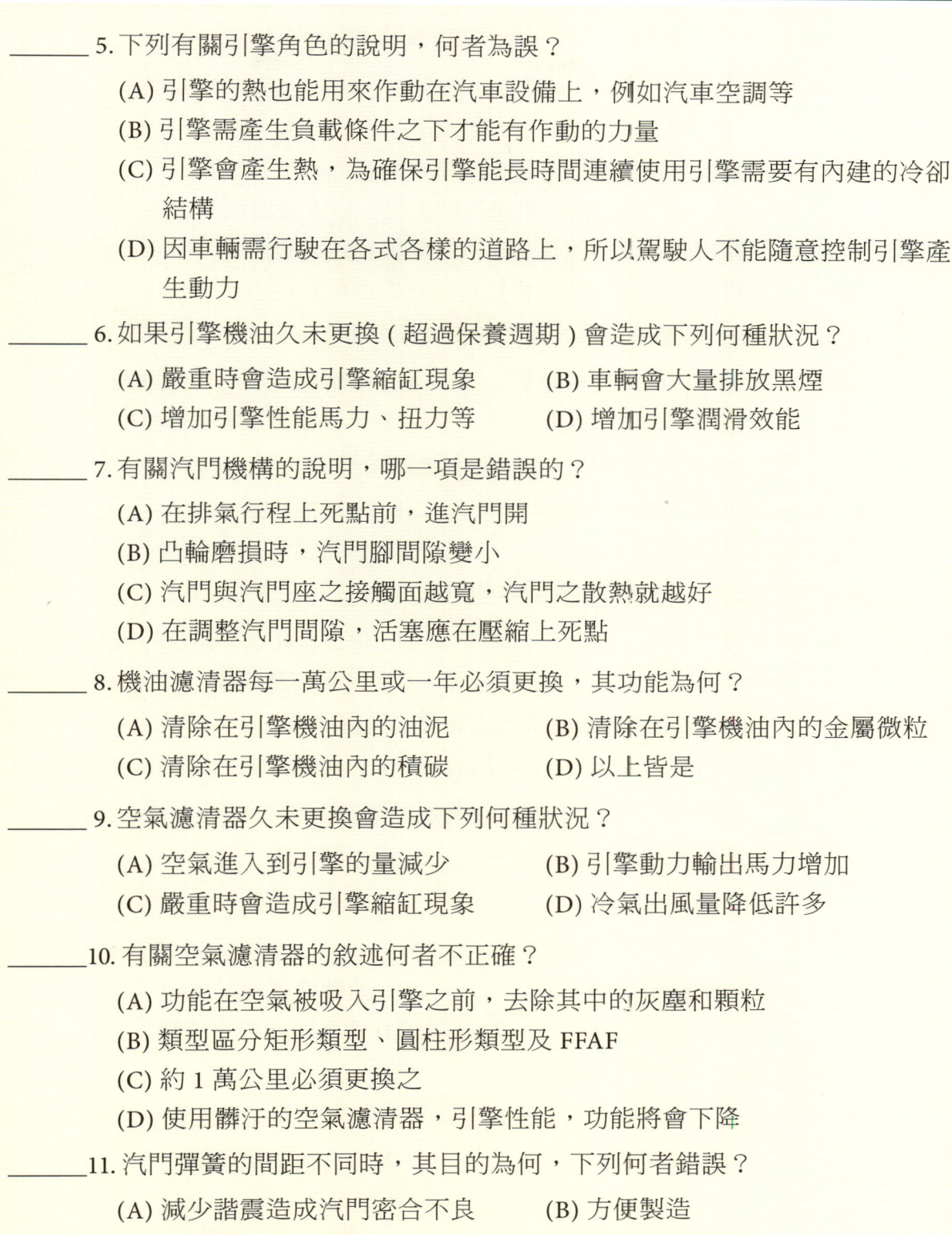

_____ 5. 下列有關引擎角色的說明，何者為誤？
　　(A) 引擎的熱也能用來作動在汽車設備上，例如汽車空調等
　　(B) 引擎需產生負載條件之下才能有作動的力量
　　(C) 引擎會產生熱，為確保引擎能長時間連續使用引擎需要有內建的冷卻結構
　　(D) 因車輛需行駛在各式各樣的道路上，所以駕駛人不能隨意控制引擎產生動力

_____ 6. 如果引擎機油久未更換(超過保養週期)會造成下列何種狀況？
　　(A) 嚴重時會造成引擎縮缸現象　　(B) 車輛會大量排放黑煙
　　(C) 增加引擎性能馬力、扭力等　　(D) 增加引擎潤滑效能

_____ 7. 有關汽門機構的說明，哪一項是錯誤的？
　　(A) 在排氣行程上死點前，進汽門開
　　(B) 凸輪磨損時，汽門腳間隙變小
　　(C) 汽門與汽門座之接觸面越寬，汽門之散熱就越好
　　(D) 在調整汽門間隙，活塞應在壓縮上死點

_____ 8. 機油濾清器每一萬公里或一年必須更換，其功能為何？
　　(A) 清除在引擎機油內的油泥　　(B) 清除在引擎機油內的金屬微粒
　　(C) 清除在引擎機油內的積碳　　(D) 以上皆是

_____ 9. 空氣濾清器久未更換會造成下列何種狀況？
　　(A) 空氣進入到引擎的量減少　　(B) 引擎動力輸出馬力增加
　　(C) 嚴重時會造成引擎縮缸現象　　(D) 冷氣出風量降低許多

_____ 10. 有關空氣濾清器的敘述何者不正確？
　　(A) 功能在空氣被吸入引擎之前，去除其中的灰塵和顆粒
　　(B) 類型區分矩形類型、圓柱形類型及 FFAF
　　(C) 約 1 萬公里必須更換之
　　(D) 使用髒汙的空氣濾清器，引擎性能，功能將會下降

_____ 11. 汽門彈簧的間距不同時，其目的為何，下列何者錯誤？
　　(A) 減少諧震造成汽門密合不良　　(B) 方便製造
　　(C) 使彈簧安裝更容易　　(D) 使彈力更強

Chapter 5 學後評量

_____ 12. 汽門彈簧若太弱時,會對引擎何種轉速影響最大?
　　　　(A) 高速時　　(B) 中速時　　(C) 怠速時　　(D) 加速時

_____ 13. 有關汽門機構的說明,下列何者正確?
　　　　(A) 通常排汽門座的寬度會比進汽門座的寬度小
　　　　(B) 若一汽缸有三個汽門,則排汽門數量一定大於進汽門數量
　　　　(C) 汽門彈簧最主要功能是確保汽門開啟到最大的角度
　　　　(D) 通常排汽門的頭部外徑會比進汽門的頭部外徑小

_____ 14. 久未更換火星塞會造成,下列狀況何者為非
　　　　(A) 引擎運轉效能無任何影響　　(B) 引擎加速變的比較遲鈍
　　　　(C) 無法產生更強烈的火花　　(D) 火星塞電極會磨損

_____ 15. 進汽門導管間隙太大時,下列何者是錯誤的?
　　　　(A) 會排放藍白煙　　(B) 會耗機油量
　　　　(C) 點火正時會提前　　(D) 燃燒室易產生積碳

_____ 16. 引擎組裝後,再發動引擎前必須再確認檢查。下列何者為非?
　　　　(A) 檢查冷卻水量　　(B) 檢查線路接頭狀況
　　　　(C) 檢查機油量　　(D) 檢查活塞間隙

_____ 17. 汽油引擎在完全燃燒後所排放出的廢氣有哪二種?
　　　　(A) HC 和 CO_2　　(B) H_2O 和 CO_2　　(C) HC 和 CO　　(D) CO 和 CO_2

_____ 18. 拆汽缸蓋螺絲時,依正確順序應將螺絲鬆多少圈?
　　　　(A) 直接用氣動扳手直接拆下來　　(B) 先鬆 4 圈
　　　　(C) 先鬆 3 圈　　(D) 先鬆半圈

_____ 19. 引擎汽門正時是由何者所控制?
　　　　(A) 曲軸與飛輪所控制　　(B) 曲軸與連桿所控制
　　　　(C) 曲軸與凸輪軸所控制　　(D) 活塞與連桿所控制

_____ 20. 鎖緊汽缸蓋的螺絲最佳順序為何?
　　　　(A) 由中間向外鎖緊　　(B) 由左至右鎖緊
　　　　(C) 由右至左鎖緊　　(D) 由外向中間鎖緊

Chapter 6

引擎之動力傳遞篇 ～變速箱拆換

6-1 　變速箱概述

6-2 　自動變速箱總成更換實作

6-1 變速箱概述

變速箱～是車輛動力傳遞系統中，重要且高單價的系統元件。時代的進步與演變，除了運動型房車或有重負載需求的大型車輛，一般車輛大都採用自動變速系統。

自動變速箱是高精密的機械電子產品，對精密度的要求甚高。汽車維修廠為求效率與維修品質，現大都專業分工，採回收舊品補差價交換中古整理新品方式維修。(註：中古整理新品：是由廠家回收舊品汰換不堪使用零件，更換可用零件或新零件，再組裝成品。謂之：中古整理新品。)

本章節是以當下服務廠常見作業「自動變速箱總成更換」，來實作體驗。

6-2 自動變速箱總成更換實作

必要工具：

CS 五寶：﹝方向盤護套、腳踏紙、椅套、葉子板護套﹝3 件式﹞、排檔桿護套﹞

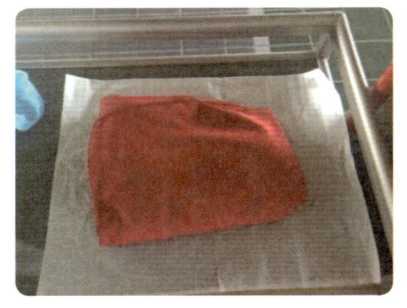

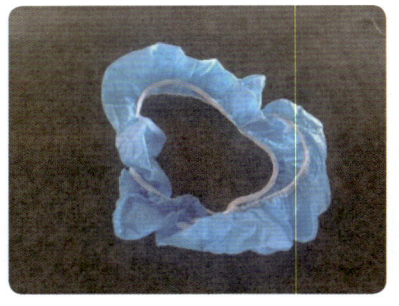

頂車機、支撐桿　　　　　　　　　工具車

Chapter 6　引擎之動力傳遞篇～變速箱拆換

引擎吊架

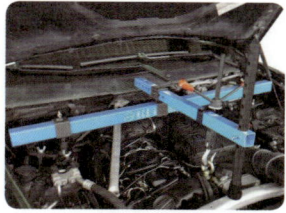

變速箱洩油工具組

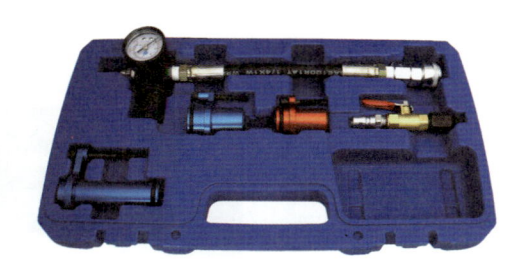

傳動軸拉拔器

變速箱拆裝架

檢診電腦

引擎之動力作業流程彙整

01 鋪放防護五寶
02 實車～拆除周邊附件〔引擎室〕
03 頂高車輛
04 洩變速箱油
05 實車～拆除周邊附件〔底盤〕
06 引擎本體支撐
07 拆下變速箱本體裝至翻轉架
08 原變速箱附件～移到新品
09 實車～安裝變速箱
10 實車～裝回附件
11 電腦～油壓校正、系統歸零、路試

Step 01	作法	目的與注意事項
鋪放防護五寶	車輛防護	做好座椅、腳踏墊、方向盤防護、葉子板護套、排檔桿護套

Step 02	作法	目的與注意事項
實車～拆除周邊附件（引擎室）	拆除引擎室與變速箱有連結的相關油、電管路	先拆除引擎室與變速箱有聯結的油電管路，以利接下來頂高車輛的底盤作業流程

Step 03	作法	目的與注意事項
頂高車輛	將車輛以頂車機頂起，以便拆除作業	注意頂車標註位置，以保車輛重心平衡

Chapter 6　引擎之動力傳遞篇～變速箱拆換

Step 04	作法	目的與注意事項
洩變速箱油	洩放變速箱油	避免變速箱更換作業時，油料的外洩或油料的收集再使用

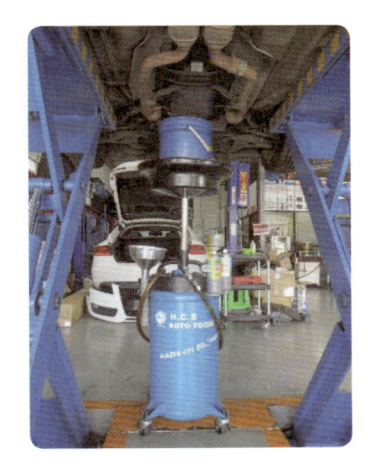

Step 05	作法	目的與注意事項
實車～拆除周邊附件（底盤）	拆除與變速箱有連結的相關油、電管路與傳動軸	是從車上卸下變速箱的前置作業

Step 06	作法	目的與注意事項
引擎本體支撐	頂住引擎本體,以利變速箱分離、卸下	避免引擎本體下墜及和周邊管路機件有無干涉拉扯

Step 07	作法	目的與注意事項
拆下變速箱本體裝至翻轉架	將變速箱架上翻轉架	以利變速箱相關維修作業

Chapter 6　引擎之動力傳遞篇～變速箱拆換

Step 08
原變速箱附件
～移到新品

作法
原周邊配件轉移至新變速箱

目的與注意事項
注意相關附件的方向與角度

FF 式的變速箱周邊配件較複雜

FR 式的變速箱周邊配件相對單純

Step 09
實車～安裝變速箱

作法
將變速箱與引擎結合

目的與注意事項
安裝重物需格外注意安全

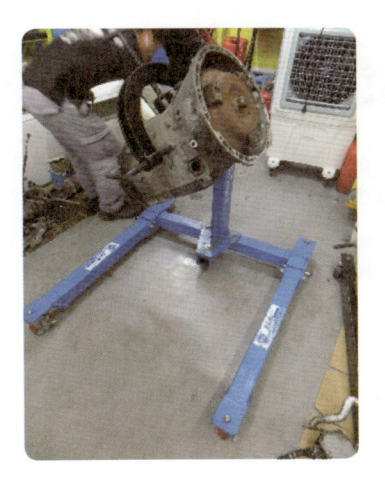

Step 10	作法	目的與注意事項
實車～裝回附件	裝回變速箱周邊相關附件	注意相關油電管路與機件，確實安裝妥當

Step 11	作法	目的與注意事項
電腦～油壓校正、系統歸零、路試	視廠家規範實施調校	各廠牌不同，做調整與最終運轉測試

本章後語

　　車輛依前驅 FF、後驅 FR 構造配置不同，變速箱拆換作業也略有差異。本章節變速箱總成拆換，是現行維修廠常見作業。實習操作首重安全，尤其變速箱總成頗為沉重，又是高價精密零件不容摔碰。因此拆換作業應 2-3 人共同作業，一則左右前後觀前顧後協助查看，一則物重須共同協助搬運扶穩，方能確保安全順利完成作業。

Chapter 6 學後評量

一、選擇題

_____ 1. 在拖吊自排車輛時需採用？
  (A) 驅動輪懸空   (B) 後輪懸空
  (C) 前輪懸空   (D) 拖吊時的方便位置

_____ 2. 以下何者非變速箱的主功能？
  (A) 改變行進方向   (B) 改變速比
  (C) 讓車輛可前進或後退   (D) 傳遞引擎動力

_____ 3. 影響自動變速箱操作的要素為？
  (A) 車速   (B) 引擎負荷
  (C) 引擎轉速   (D) 以上皆是

_____ 4. 有關自排變速箱車的說明，何者正確？
  (A) 結構較簡單且方便維修
  (B) 以扭力轉換器，將引擎動力進行轉換
  (C) 以排檔桿選擇合適的檔位
  (D) 利用離合器踏板，切換檔位

_____ 5. 傳動系統傳遞動力的元件包括？
  (A) 傳動軸   (B) 變速箱   (C) 飛輪   (D) 以上皆是

_____ 6. 下列何者屬於傳動方式的分類？
  (A) FR   (B) 4Wd   (C) FF   (D) 以上皆是

_____ 7. 在傳動軸的兩端均設置 _____，使呈等速轉動的車種為？
  (A) 滑動接頭   (B) 周轉齒輪接頭
  (C) 等速萬向接頭   (D) 不等速萬向接頭

_____ 8. 在驅動軸設有何種零件用來配合傳動器與車輪之間距離的變換？
  (A) 驅動接頭   (B) 傳動接頭   (C) 滑動接頭   (D) 萬向接頭

_____ 9. 發現何種原因可能使自排油呈現乳白色？
  (A) 水分滲入   (B) 油溫過高
  (C) 油溫過低   (D) 拖吊時的方便位置

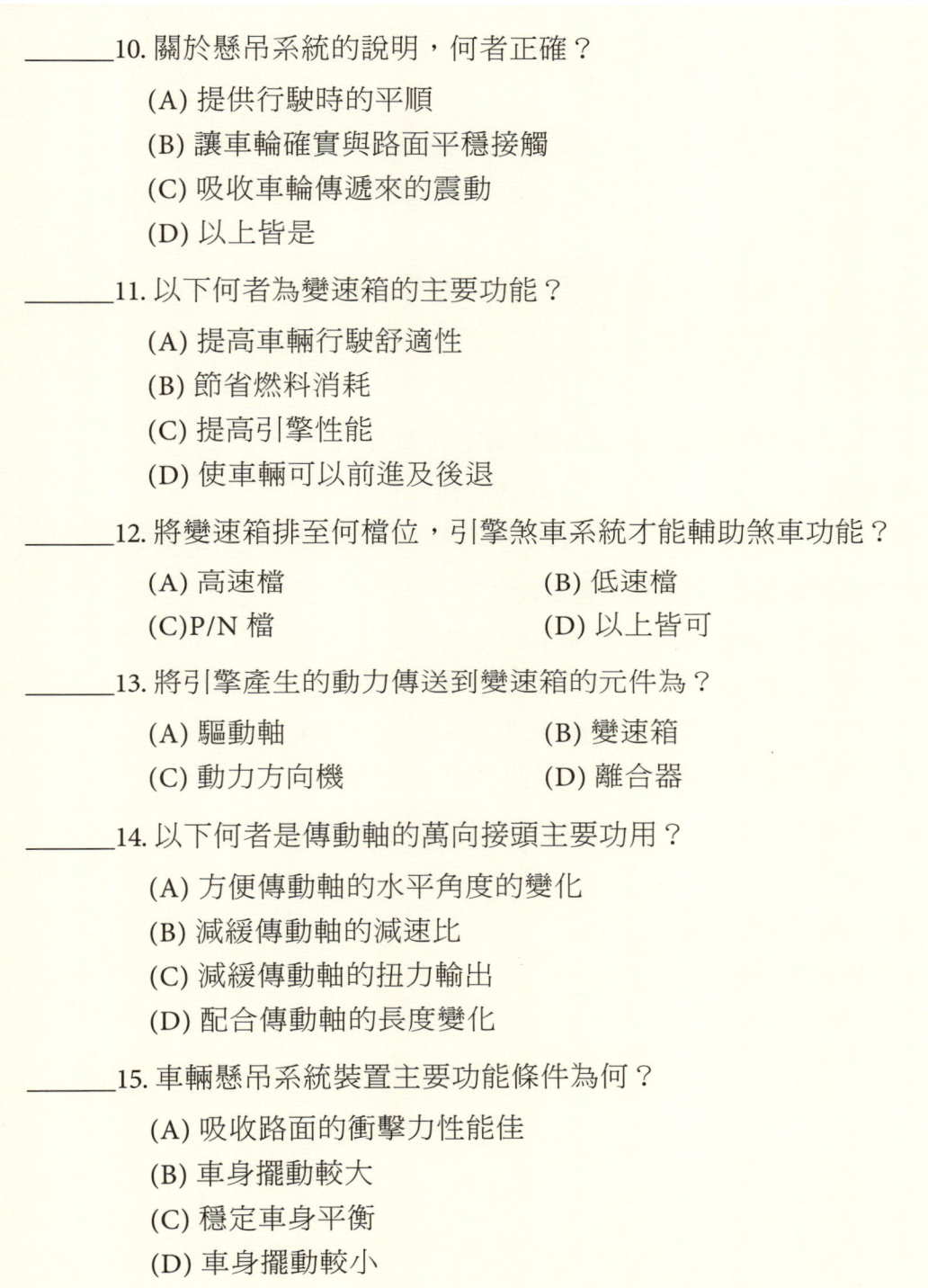

Chapter 6 學後評量

_____10. 關於懸吊系統的說明，何者正確？

(A) 提供行駛時的平順

(B) 讓車輪確實與路面平穩接觸

(C) 吸收車輪傳遞來的震動

(D) 以上皆是

_____11. 以下何者為變速箱的主要功能？

(A) 提高車輛行駛舒適性

(B) 節省燃料消耗

(C) 提高引擎性能

(D) 使車輛可以前進及後退

_____12. 將變速箱排至何檔位，引擎煞車系統才能輔助煞車功能？

(A) 高速檔 (B) 低速檔

(C) P/N 檔 (D) 以上皆可

_____13. 將引擎產生的動力傳送到變速箱的元件為？

(A) 驅動軸 (B) 變速箱

(C) 動力方向機 (D) 離合器

_____14. 以下何者是傳動軸的萬向接頭主要功用？

(A) 方便傳動軸的水平角度的變化

(B) 減緩傳動軸的減速比

(C) 減緩傳動軸的扭力輸出

(D) 配合傳動軸的長度變化

_____15. 車輛懸吊系統裝置主要功能條件為何？

(A) 吸收路面的衝擊力性能佳

(B) 車身擺動較大

(C) 穩定車身平衡

(D) 車身擺動較小

_____16. 當離合器自由行程太大時，會造成？

　　　　(A) 換檔困難

　　　　(B) 變速箱齒輪磨損

　　　　(C) 離合器打滑

　　　　(D) 釋放軸承損壞

_____17. 自動變速的車輛啟動時，排檔桿需在何檔位？

　　　　(A) 1 檔　　　　　　　　(B) 2 檔

　　　　(C) 3 檔　　　　　　　　(D) P 或 N 檔

_____18. 何項裝置適時的提供車輛左右兩輪適當的動力？

　　　　(A) 變速箱　　　　　　　(B) 轉向機

　　　　(C) 離合器　　　　　　　(D) 差速箱

_____19. 對底盤系統範圍的敘述，何者為誤？

　　　　(A) 懸吊系統是吸收行進中所產生的震動

　　　　(B) 轉向系統是提供用車人控制行車方向

　　　　(C) 傳動系統是由引擎動力輸出後直達驅動軸的路線

　　　　(D) 煞車系統區分成制動煞車跟駐車煞車

_____20. 當車輛轉彎時，位於內側車輪轉速會減慢，是因為？

　　　　(A) 差速器的作用

　　　　(B) 轉向機的作用

　　　　(C) 內側車輪轉角較小

　　　　(D) 變速箱的作用

Chapter 7

引擎之懸吊系統篇
～避震器油壓桿拆裝

7-1　懸吊系統概述

7-2　避震器拆裝

7-1 懸吊系統概述

懸吊避震系統，關係到車輛行駛的穩定與舒適，避震系統隨使用期間，功能會遞減的消耗品也是服務廠多頻度的工作項目。維修時也因彈簧壓縮力強大，若固定不當或工具強度不夠，往往容易造成職災工安事件。故維修時更需特別注意拆裝作業的安全。

在現行維修廠有關避震器維修作業，大都採【總成件】更換方式。就維修廠而言，如此就省下了避震器分解的作業，效率提升甚多。但用車人而言，就是要承受總成件的費用，在物件來講也是浪費。如圈狀彈簧基本上是無使用年限的，總成件的更換方式就浪費了圈狀彈簧。幸有開發廠商研發【多功能避震器拆裝器】，提供避震器的拆裝更高效率也更安全的作業。對從事此作業項目的技術員及用車消費者而言，實是一大福音。本章節即是以新型的多功能避震器拆裝器為教材，做避震器的拆裝實習。

7-2 避震器拆裝

必要工具：

CS 五寶：（方向盤護套、腳踏紙、椅套、葉子板護套〔3 件式〕、排檔桿護套）

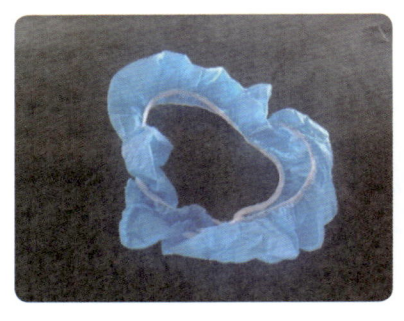

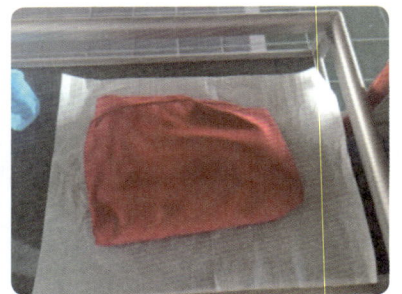

頂車機  　　　　　　　　　工具車

Chapter 7　引擎之懸吊系統篇～避震器油壓桿拆裝

多功能油壓彈簧避震器拆裝器

麥花臣式彈簧避震器工具組

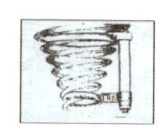

護臉面罩、護目鏡

引擎之懸吊系統作業流程彙整

- 01 鋪放防護五寶
- 02 頂高車輛
- 03 實車～拆除周邊附件
- 04 實車～拆下避震器
- 05 上架～避震器拆裝器
- 06 拆裝器～分解避震器總成
- 07 拆裝器～更換新品組裝避震器
- 08 實車～安裝避震器
- 09 實車～裝回附件
- 10 實車～定位與路試

Step 01	作法	目的與注意事項
鋪放防護五寶	車輛防護	確實鋪設保護皮椅、腳踏墊、方向盤、葉子板護套、排檔桿護套

Step 02 頂高車輛	作法	目的與注意事項
	將車輛於頂車機頂起，以便拆除作業	注意頂車標註位置，以保車輛重心平衡

Step 03 實車～拆除周邊附件	作法	目的與注意事項
	拆除取出避震器的相關附件	注意管路油液洩漏、接頭防護與相關附件加墊固定避免拉扯

Step 04 實車～拆下避震器	作法	目的與注意事項
	拆下避震器總成	注意煞車管路羊角等相關附件的固定

Chapter 7　引擎之懸吊系統篇～避震器油壓桿拆裝

Step 05
上避震器拆裝器

作法
將避震器架上避震器拆裝器上並做上記號

目的與注意事項
1. 操作前請先拉起安全裝置旋鈕、關閉安全護欄,並插上安全護欄插銷
2. 操作中切勿碰觸上下固定座及避震器
3. 請務必確保上下固定座是否有穩穩的固定住避震器

Step 06
拆裝器～分解避震器總成

作法
分解避震器總成
更換新油壓桿

目的與注意事項
1. 切勿壓縮避震器彈簧至彈簧碰觸到彈簧
2. 手動幫浦於使用前,請先鬆開十字螺絲以避免阻塞空氣

Step 07 拆裝器～更換新品組裝	作法	目的與注意事項
	更換新油壓桿組裝	1. 使用前請先注意上下固定座是否固定住避震器彈簧 2. 再利用手動幫浦將上固定夾往下壓動，將避震器彈簧壓縮（壓縮時請注意上下固定座是否有穩穩的固定住避震器彈簧） 3. 當彈簧壓縮至適當位置後，請將避震器上蓋螺帽鎖上，之後再轉開手動幫浦之壓力閥，慢慢釋放幫浦壓力至完全釋放為止，讓上固定夾回升，即可完成避震器安裝

Step 08 實車～安裝避震器	作法	目的與注意事項
	安裝避震器	安裝回車輛後，請將避震器上蓋螺帽依照該避震器說明書標示之鎖定扭力鎖緊

Chapter 7　引擎之懸吊系統篇～避震器油壓桿拆裝　　79

Step 09　實車～裝回附件

作法　依序裝回周邊附件

目的與注意事項　注意相關螺絲旋緊扭力

Step 10　實車～定位與路試

作法　定位與路試

目的與注意事項　路試車輛穩定性、異音、煞車等狀況

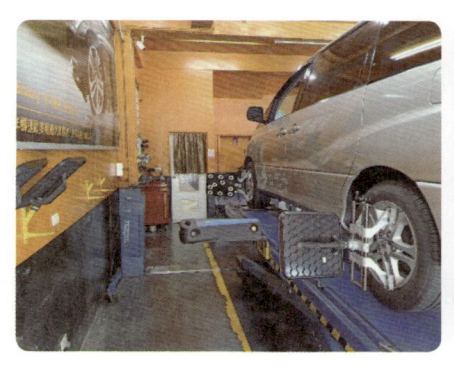

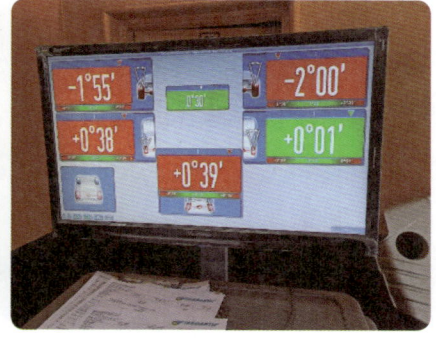

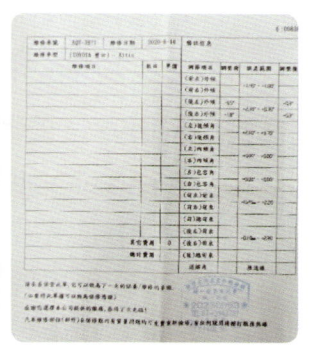

本章後語

　　本章節特別感謝【多功能避震器拆裝器】專利廠家鉅祥工具開發公司，提供器材及作業相關資訊。提供維修技術人員更安全更有效率的維修器材，也節省用車人維修費用的支出，實是維修技師與用車消費者的福音。

Chapter 7 學後評量

一、選擇題

_____ 1. 懸吊系統是由何組件組成，何者為非？
　　(A) 平衡桿　　　　　　　　(B) 圈狀彈簧
　　(C) 避震器　　　　　　　　(D) 以上皆是

_____ 2. 何者屬整體式懸吊？
　　(A) 麥花臣支柱式懸吊　　　(B) 雙 A 臂懸吊
　　(C) 扭力樑式懸吊　　　　　(D) 多連桿式

_____ 3. 何者是目前汽車最普遍採用的前懸吊系統？
　　(A) 雞胸骨臂式　　　　　　(B) 麥花臣式
　　(C) 扭力樑式　　　　　　　(D) 拖動臂式

_____ 4. 何者不屬於避震器的功能？
　　(A) 加強避震彈簧的彈性　　(B) 加強乘坐時的舒適性
　　(C) 加強輪胎的抓地力　　　(D) 加強駕駛的安定性

_____ 5. 何者為正確的懸吊系統避震器描述？
　　(A) 藉下壓車身視其承受力與回彈速度，診斷避震器的好壞
　　(B) 通常裝在車軸與車架間
　　(C) 作用於緩衝彈簧回彈的力道，減緩車輛上下跳動
　　(D) 以上皆是

_____ 6. 何者不是獨立懸吊的優點？
　　(A) 構造簡單維修容易
　　(B) 增加乘車時的舒適感
　　(C) 輪胎貼地力佳，較好操控
　　(D) 懸吊零件間自由度大，能有效減少震動和噪音

_____ 7. 何者不是造成車身左右高低不平均的原因？
　　(A) 避震器損壞
　　(B) 懸吊彈簧彈性疲乏
　　(C) 轉向幾何位置錯誤
　　(D) 載重左右不平均

Chapter 7 學後評量

_____8. 何者屬於懸吊系統中的元件？

(A) 緩衝橡皮襯墊 (B) 避震器
(C) 懸吊彈簧 (D) 以上皆是

_____9. 以下何者非懸吊不良對車輛的影響？

(A) 輪胎與鋼圈的尺寸升級 (B) 乘車時的舒適感
(C) 輪胎的抓地力 (D) 輪胎的異常磨損

_____10. 關於 A 臂式懸吊的特性，何者正確？

(A) 不需定位調整
(B) 缺乏乘車的舒適感
(C) 上臂短，下臂長，因此外傾角的變動小
(D) 非彈簧載重就可減輕

_____11. 避震器的功能是？

(A) 提高輪胎的抓地力
(B) 提高駕駛的安定性
(C) 提高乘坐舒適性
(D) 以上皆是

_____12. 如何發覺避震器已損壞？

(A) 需用力轉動方向盤
(B) 車胎內側或外側過度磨損
(C) 行車時過度震動
(D) 行駛中車子會左右跳動

_____13. 何者不會縮短懸吊系統的使用壽命？

(A) 改變輪胎的傾角
(B) 襯套的磨損
(C) 車輛不當的改裝
(D) 長時間快速行駛

Chapter 7 學後評量

_____14. 可減低路面不平時跳動，讓震動減到最低的是？
  (A) 懸吊系統   (B) 傳動軸系統
  (C) 煞車系統   (D) 轉向系統

_____15. 以下何者為懸吊系統的說明？
  (A) 當吸收行駛時間的振動時，車身就會上下移動
  (B) 連接車身與輪胎，並且支撐車輛
  (C) 可以持續維持車身的穩定度
  (D) 以上皆是

_____16. 在懸吊系統中的避震器主要功能為？
  (A) 聯結車架與車軸   (B) 減緩彈簧震動
  (C) 提升彈簧係數   (D) 聯結車身與車軸

_____17. 車輛行駛過凸狀物時，發出巨大的碰撞聲，故障原因是？
  (A) 懸吊彈簧疲乏損壞   (B) 懸吊彈簧潤滑性較差
  (C) 車輪校正不良   (D) 球接頭損壞

_____18. 目前小型乘用車較常使用的懸吊型式為？
  (A) 獨立式懸吊   (B) 雙 A 臂懸吊
  (C) 扭力樑式懸吊   (D) 空氣式懸吊

_____19. 當車輛轉彎時，可避免車身側傾的元件？
  (A) 平衡桿   (B) 避震器
  (C) 保險桿   (D) 穩定桿

_____20. 可減緩車輛在彎道上的傾斜與車輪跳動的零件為？
  (A) 平衡桿   (B) 避震器
  (C) 懸吊彈簧   (D) 球接頭

Chapter 8

引擎之懸吊系統篇 ～後軸樑鐵套拆裝

8-1　經濟型維修概述

8-2　後軸樑鐵套拆裝實作

8-1 經濟型維修概述

　　經濟的成長、所得的增加、工資的攀升，廠家為求效率縮短維修時間或為確保維修品質，維修形式傾向以更換代替修理、更換總成件代替最小單品零件更換。然代價就是維修費增加。

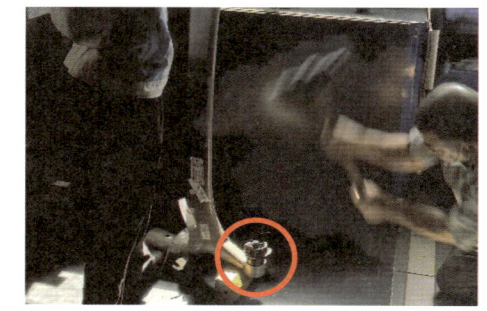

　　是以逐漸有回復以往以修理代替更換的經濟型的維修形式。然此維修方式也須有相關的專用特殊工具才能達成。否則就如右圖土法煉鋼，既危險、費時，維修品質也堪虞。

　　本章節即以專用特殊工具維修方式施作。後軸樑鐵套拆裝。

8-2 後軸樑鐵套拆裝實作

必要工具：

CS 五寶：（方向盤護套、腳踏紙、椅套、葉子板護套（3 件式）、排檔桿護套）

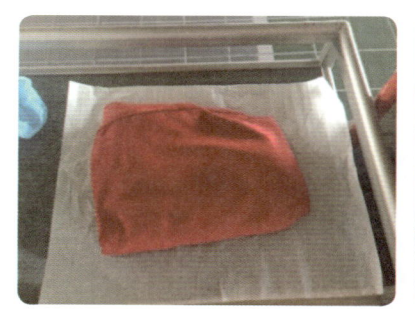

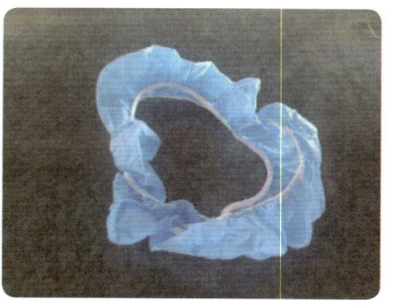

頂車機

工具車

Chapter 8　引擎之懸吊系統篇～後軸樑鐵套拆裝

後軸樑鐵套拆裝工具組（H.C.B-B1623）

引擎之懸吊系統作業流程彙整

- 01 鋪放防護五寶
- 02 頂高車輛
- 03 實車～拆除周邊附件
- 04 實車～拆下後軸樑〔記號〕
- 05 後軸樑鐵套拆換
- 06 實車～裝回後軸樑〔記號〕
- 07 實車～裝回周邊附件
- 08 煞車調整
- 09 實車～定位與路試

Step 01	作法	目的與注意事項
鋪放防護五寶	車輛防護	確實鋪設保護皮椅、腳踏墊、方向盤、葉子板護套（3件式）、排檔桿護套

Step 02	作法	目的與注意事項
頂高車輛	頂高車輛以便作業	注意頂車標註位置，以保車輛重心平衡

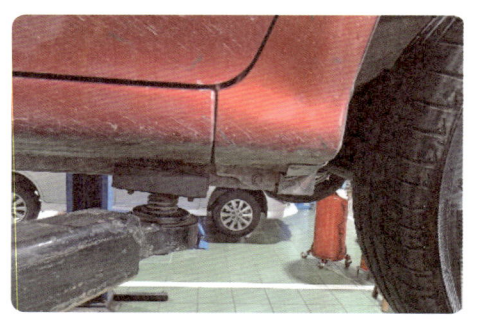

Step 03	作法	目的與注意事項
實車～拆除周邊附件	拆除相關零件以便施工	拆除零件依序擺放，車上附件確實固定避免影響作業

Step 04	作法	目的與注意事項
實車～拆下後軸樑 [記號]	拆下後軸樑，以便更換鐵套作業	重物確實固定預防墜落

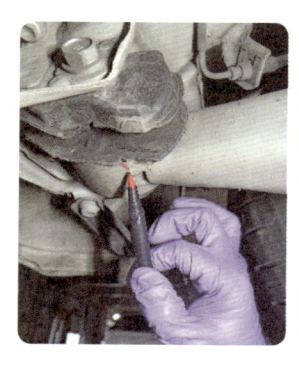

Step 05	作法	目的與注意事項
後軸樑鐵套拆換	拆下後軸樑	注意鐵套是否有方向性

拆卸

專用工具拆卸

傳統不安全作業

專用工具安裝

Step 06	作法	目的與注意事項
實車～裝回後軸樑[記號]	裝回後軸樑	重物確實固定預防墜落

Step 07	作法	目的與注意事項
實車～裝回周邊附件	裝回周邊附件	其他相關配件也須再確認固定

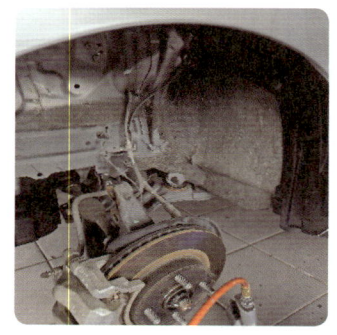

Step 08	作法	目的與注意事項
煞車調整	煞車調整	除了煞車調整檢查，其他相關配件也須再確認固定

Chapter 8　引擎之懸吊系統篇～後軸樑鐵套拆裝　89

Step 09	作法	目的與注意事項
實車～定位與路試	定位與路試	路試 車輛穩定性、異音、煞車等狀況

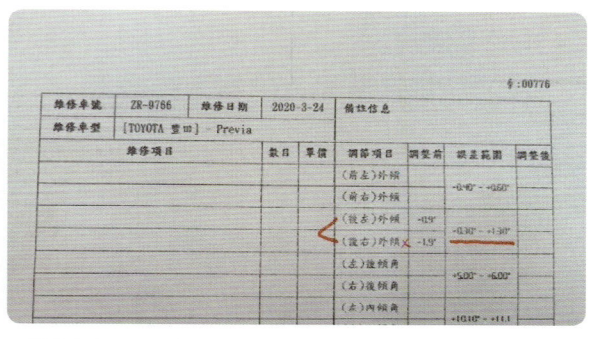

本章後語

本章節 特別感謝 鉅祥工具開發公司，提供【鐵套拆裝工具組】及作業相關資訊，提供維修技術人員更安全更有效率的維修器材。

Chapter 8 學後評量

一、選擇題

_____ 1. 鐵套的拆裝車子鋪設的 (CS) 五寶為？

(A) 腳踏紙 (B) 椅套、葉子板護套 (3 件式)
(C) 方向盤護套、排檔桿護套 (D) 以上皆是

_____ 2. 關於經濟型維修的說明，以下何者為非？

(A) 維修費的增加
(B) 以維修替代更換
(C) 已更換最小零件替代更換總成
(D) 需專用特殊零件

_____ 3. 廠家為求效率及品質，目前維修形成形式傾向？

(A) 零件的更換代替修理
(D) 更換總成替代單品零件
(C) 維修費用增加
(D) 以上皆是

_____ 4. 拆除周邊相關零件時，擺放作業順序為？

(A) 依序擺放 (B) 任意擺放
(C) 隨拆裝者的習慣 (D) 以上皆可

_____ 5. 裝回後軸樑的作業敘述，何者為是？

(A) 專業工具拆卸
(B) 專用工具安裝
(C) 重物確實固定預防墜落
(D) 以上皆是

_____ 6. 全浮式後軸的軸承是安裝在何處？

(A) 後軸殼上 (B) 邊齒輪上
(C) 煞車鼓上 (D) 大樑上

Chapter 8 學後評量

_____ 7. 軸承片裝入軸承座後應？
    (A) 兩端應比座的平面微凹下
    (B) 兩端應比座的平面微凸出
    (C) 軸片在座中應能自由活動
    (D) 兩端與座面應平行

_____ 8. 操作輪胎換位時，何者為非？
    (A) 不要長期使用尺寸不同的備用胎
    (B) 換位後要檢查胎壓
    (C) 當前後輪對調時不需再定位
    (D) 具方向性的輪胎，要維持在車輛的同一側

_____ 9. 一般大貨車的後軸採用？
    (A) 半浮式   (B) 全浮式
    (C) 3/4 浮式   (D) 均可採用

_____ 10. 萬向接頭的軸承與十字軸在更新時應？
    (A) 只需換軸承   (B) 只需換十字軸
    (C) 二者同時更換   (D) 任意均可

_____ 11. 當前輪傳動之車輛正前進，轉向時出現異音，應為？
    (A) 來令片磨損   (B) 煞車咬死
    (C) 傳動軸磨損   (D) 來令片潮濕

_____ 12. 輪胎標示 235/55R18 表示？
    (A) 鋼圈的直徑 18 吋
    (B) 鋼圈的直徑 18 公分
    (C) 輪胎的寬度 18 吋
    (D) 輪胎的直徑 18 吋

_____ 13. 橫拉桿的調整可改變？
    (A) 內傾角   (B) 外傾角
    (C) 前傾角   (D) 前束

_____14. 當車輛轉彎時，內外輪胎角度差稱作？
　　　　(A) 轉向前展　　　　　　　　(B) 後傾角
　　　　(C) 前傾角　　　　　　　　　(D) 外傾角

_____15. 何者是煞車總泵第一皮碗的作用？
　　　　(A) 固定　　　　　　　　　　(B) 壓油
　　　　(C) 保持殘壓　　　　　　　　(D) 預防漏油

_____16. 在護油圈裝上軸前應？
　　　　(A) 加汽油　　　　　　　　　(B) 加黃油或機油
　　　　(C) 加煤油　　　　　　　　　(D) 不可加油

_____17. 車輛行駛在彎道上可減少傾斜及車輪跳動是何構件？
　　　　(A) 平衡桿　　　　　　　　　(B) 避震器
　　　　(C) 片狀彈簧　　　　　　　　(D) 懸吊彈簧

_____18. 當輪胎靜平衡不良會使行駛中的車輛？
　　　　(A) 偏向　　　　　　　　　　(B) 上下震動
　　　　(C) 左右搖擺　　　　　　　　(D) 沒有任何影響

_____19. 當傳動軸中心軸承無油時會發生何種狀況？
　　　　(A) 漏油　　　　　　　　　　(B) 待車時有噪音
　　　　(C) 啟動時有噪音　　　　　　(D) 高速時有噪音

_____20. 煞車油應於多久更換一次？
　　　　(A) 一年　　　　　　　　　　(B) 五年
　　　　(C) 半年　　　　　　　　　　(D) 三年

Chapter 9

引擎之底盤篇
～輪軸承拆裝

9-1　輪軸承概述

9-2　輪軸承拆裝實作

9-1 輪軸承概述

　　輪軸軸承的功能是要乘載車輛的重量並順暢無阻的傳遞旋轉動能，是車子的重要零件之一，它關係到車輛行駛的穩定與舒適。但凡機械產品都有其使用年限，功能會隨使用時間而遞減，輪胎軸承更換是服務廠常見的多頻度的工作項目之一。

　　輪胎軸承更換之前的傳統作法是：在車上拆下輪軸總成，在油壓床進行分解更換。如下圖，施工頗為費時費力，工資也高。

　　本章節與時俱進，採用新型的輪軸承拆裝工具組為教材，免拆下輪軸總成，可直接在車上拆裝更換的工具組。以新型工具新工法實作練習，以求跟上企業腳步，提升效率。

9-2 輪軸承拆裝實作

必要工具：

CS 五寶：(方向盤護套、腳踏紙、椅套、葉子板護套 (3 件式)、排檔桿護套)

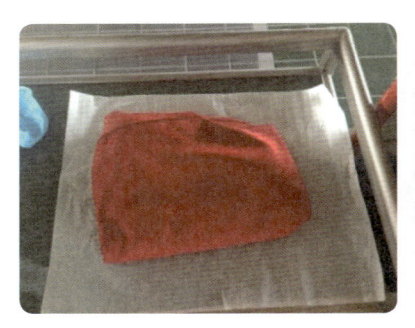

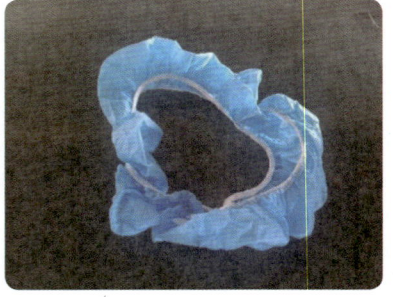

頂車機　　　　　　　　　　　工具車

輪軸承拆裝工具組 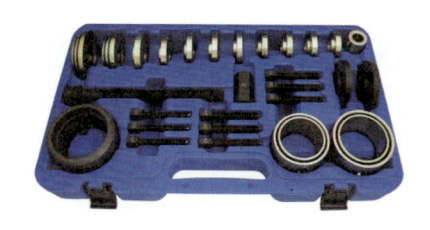　　　　　　萬能扣環鉗

專用工具組 　　　　　　　　　輪軸承拆裝工具組

引擎之底盤輪軸承拆裝作業流程彙整

01 鋪放防護五寶　　**03** 實車～拆除周邊附件　　**05** 實車～裝回周邊附件
02 頂高車輛　　　　**04** 實車～拆換軸承　　　　**06** 實車～定位與路試

Step 01 鋪放防護五寶

作法：車輛防護

目的與注意事項：確實鋪設保護皮椅、腳踏墊、方向盤、葉子板護套（3件式）、排檔桿護套

Step 02 頂高車輛

作法：將車輛於頂車機頂起，以便拆除作業

目的與注意事項：注意頂車標註位置，以保車輛重心平衡

Step 03 實車～拆除周邊附件

作法：拆下輪胎傳動軸 分離煞車盤

目的與注意事項：注意相關附件的固定，避免拉扯

Chapter 9　引擎之底盤篇～輪軸承拆裝

Step 04

實車～拆換軸承

作法　軸承汰舊換新

目的與注意事項　軸承確實裝到定位

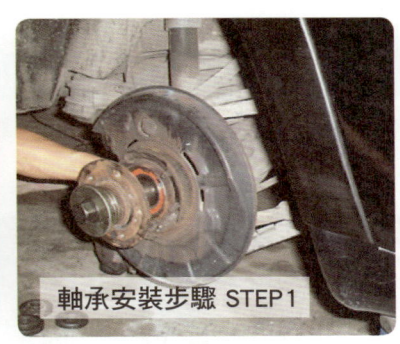

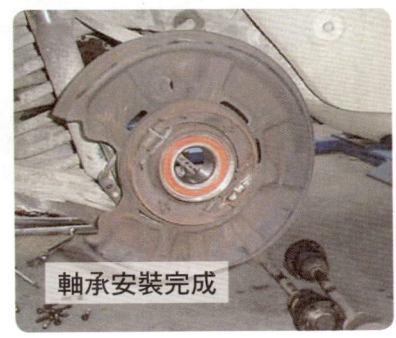

STEP1: 拆卸仰角 HUB

STEP2

STEP3: 軸承拆卸

STEP4: 軸承安裝

軸承安裝步驟 STEP1

軸承安裝步驟 STEP2

軸承安裝完成

Step 05	作法	目的與注意事項
實車～裝回周邊附件	依序裝回周邊附件	注意相關螺絲旋緊扭力

Step 06	作法	目的與注意事項
實車～定位與路試	定位與路試	路試車輛穩定性、異音、煞車等狀況

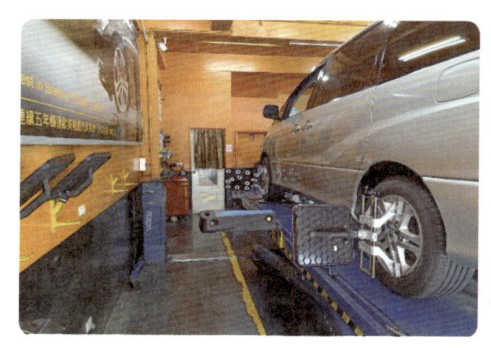

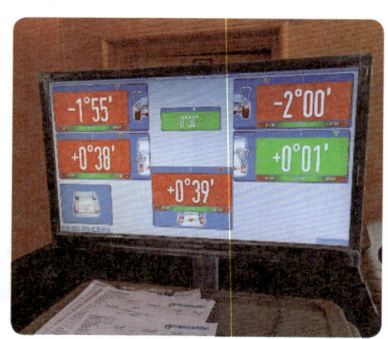

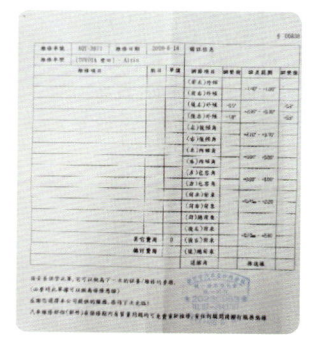

本章後語

輪軸承各廠牌基本結構大致相同，但樣式、尺寸有差異，所以工具也不同，且各廠家車型不斷的推陳出新，有賴工具廠家不斷研發，維修廠也要能配置新車型的專用工具，方能讓技師安全、有效率的維修，用車人享有快速、平價、安全的用車感受。

Chapter 9 學後評量

一、選擇題

_____ 1. 根據道路交通安全規則，四輪以上的車輛，胎紋深度不得低於？
　　　　(A) 1mm　　　(B) 1.6mm　　　(C) 1.7mm　　　(D) 2mm

_____ 2. 更換輪胎時，何者為必須考量的要素？
　　　　(A) 負載能力　(B) 速度等級別　(C) 尺寸規格　(D) 生產地

_____ 3. 前輪定位中，下列何者功用確保前輪保持向前直行？
　　　　(A) 外傾角　　(B) 後傾角　　(C) 內傾角　　(D) 轉向角

_____ 4. 車輪定位時最常調整？
　　　　(A) 外傾角　　(B) 內傾角　　(C) 前束　　　(D) 後傾角

_____ 5. 何種裝置不屬於底盤範圍？
　　　　(A) 引擎　　　(B) 傳動軸　　(C) 萬向接頭　(D) 轉向連桿

_____ 6. 輪軸承剛損壞時，車輛行駛中會發生？
　　　　(A) 行駛中會偏向　　　　　　(B) 嗡嗡響異聲
　　　　(C) 輪胎異常磨耗　　　　　　(D) 方向盤會抖動

_____ 7. 行駛中汽車造成擺頭現象可能是？
　　　　(A) 轉向連桿機構已鬆弛　　　(B) 前輪軸承鎖太鬆
　　　　(C) 胎壓不正常　　　　　　　(D) 前輪定位不正確造成

_____ 8. 何種狀況下煞車油管不必立即更換？
　　　　(A) 長途行駛後　　　　　　　(B) 油管龜裂
　　　　(C) 油管漏油　　　　　　　　(D) 依煞車油管狀況判斷

_____ 9. 安裝輪軸承在輪軸時，必須要檢查項目？
　　　　(A) 傳動軸餘隙　　　　　　　(B) 轉動扭力間隙
　　　　(C) 軸端間隙　　　　　　　　(D) 轉動扭力與軸端間隙

_____ 10. 對於輪圈之說明，何者正確？
　　　　(A) 承受側向力　　　　　　　(B) 接受變速箱所傳來的動力
　　　　(C) 承受車輛與路面的衝擊力　(D) 以上皆對

Chapter 9 學後評量

_____11. 前輪軸承維修時，下列何者為誤？
(A) 把清洗後軸承先以高壓空氣吹乾，再高速旋轉
(B) 用煤油清洗舊有的油脂
(C) 拆下之油封應更換新品
(D) 是否有粗糙、失圓、破裂

_____12. 何者不是實施車輪換位的作用？
(A) 為車輛定保項目之一　　(B) 勿使用胎齡超過六年之輪胎
(C) 延長輪胎使用壽命　　　(D) 每三萬公里應實施

_____13. 當車胎平衡不良時，車輛行駛中會造成？
(A) 左右搖擺　(B) 斜向擺動　(C) 方向盤過重　(D) 上下跳動

_____14. 當車輛轉彎時？
(A) 內輪的轉角比外輪大　　(B) 轉角一樣大
(C) 內輪的轉角比外輪小　　(D) 不能確定轉角

_____15. 頂升車輛後轉動車子車輪是否很平順且有無任何異音產生，屬何項檢查？
(A) 輪胎磨損　(B) 輪軸承磨損　(C) 車輪磨耗不均勻　(D) 車輪鋼圈受損

_____16. 何者不影響汽車乘坐時的舒適感？
(A) 胎壓　　(B) 避震器的型式　　(C) 車速　　(D) 車體造型

_____17. 操作前輪轂總成拆裝時，何項為必拆零件？
(A) 煞車圓盤　　　　　(B) 煞車卡鉗
(C) 驅動軸固定螺帽　　(D) 以上皆是

_____18. FF 型傳動軸防塵套破損時會出現？
(A) 行駛中偏向　　　　(B) 輪胎的異常磨損
(C) 行駛中方向盤抖動　(D) 轉向時產生異音

_____19. 如何檢查前懸吊系統中的球接頭磨損，需先頂起車輛前端，再實施？
(A) 上下擺動車輪　(B) 左右轉動車輪　(C) 敲打車輪　(D) 卸下車輪檢查

_____20. 影響輪胎壽命最主要因素？
(A) 胎壓過高或過低時　　(B) 低速行駛時
(C) 高速行駛時　　　　　(D) 平常行駛時

Chapter 10

引擎之電腦檢診篇

10-1 電腦檢診概述
10-2 故障檢診實作

10-1 電腦檢診概述

電子產品以大量使用於汽車,很多作動系統,都由電子元件去操作控制,也藉由電子訊息回饋該系統 ECU 來彙整、判讀、修正、紀錄與訊息提醒…。這猶如人體的神經與大腦系統,而如此龐雜大量電子訊息也藉由內建的系統 ECU 自我檢診與紀錄,以便即時提供記錄當下的車輛訊息,有如俗稱的汽車黑盒子。

本章節,在介紹汽車自我診斷系統出現警示燈號時,如何藉由原廠檢診電腦來診斷,從車上黑盒子判讀車輛狀況。

10-2 電腦檢診實作

必要工具:

CS 五寶:(方向盤護套、腳踏紙、椅套、葉子板護套 (3 件式)、排檔桿護套)

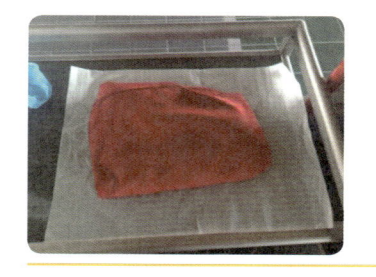

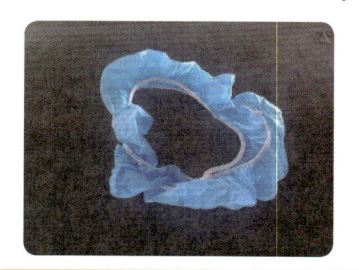

萬用線組

三用電錶

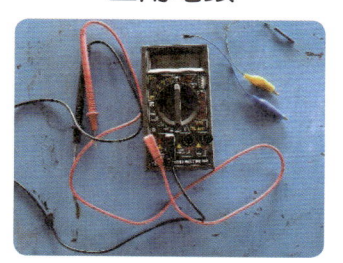

工具車

檢診電腦

故障檢修作業流程彙整

- 01 舖設防護五寶
- 02 確認故障燈號
- 03 連接檢診接頭
- 04 選擇正確的車型、年份
- 05 確認紀錄故障碼
- 06 逐步往下查故障點
- 07 數據判讀比對
- 08 確認問題點
- 09 故障排除、零件更換
- 10 故障碼清除
- 11 系統歸零
- 12 現車運轉路試、確認

Step 01 舖設防護五寶	作法	目的與注意事項
	車輛防護避免髒損	確實鋪設保護皮椅、腳踏墊、方向盤、葉子板護套、排檔桿護套

Step 02 確認故障燈號	作法	目的與注意事項
	啟動引擎檢視燈號狀況	確認車況與警示燈【亮】號誌

Step 03	作法	目的與注意事項
連接檢診接頭	將電腦檢診接頭與車身檢診接頭～接合	確實接合、確認接觸良好

Step 04	作法	目的與注意事項
選擇正確的車型、年份	選擇正確的車型、年份、配備	進口車也須注意【地區】的選擇

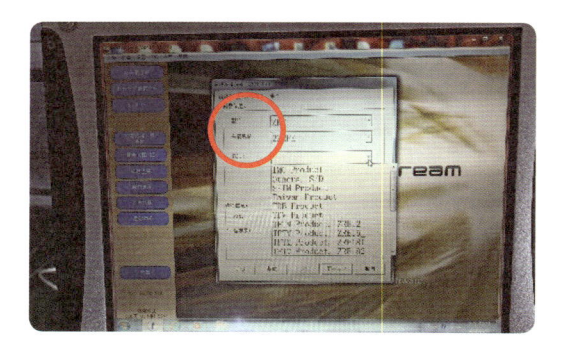

Step 05	作法	目的與注意事項
確認紀錄故障碼	紀錄故障碼與故障狀況	同時也思考故障碼與故障狀況是否吻合

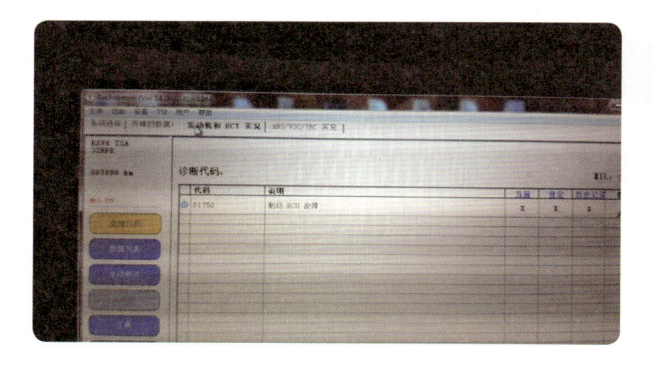

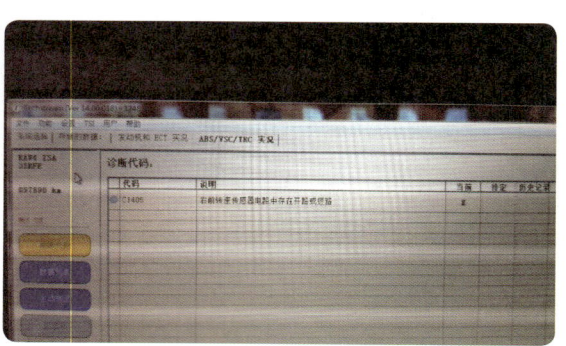

Chapter 10　引擎之電腦檢診篇　　105

Step 06	作法	目的與注意事項
逐步往下查故障點	依電腦指示操作，直到最小單元	思考故障狀況與電腦顯示系統吻合否？

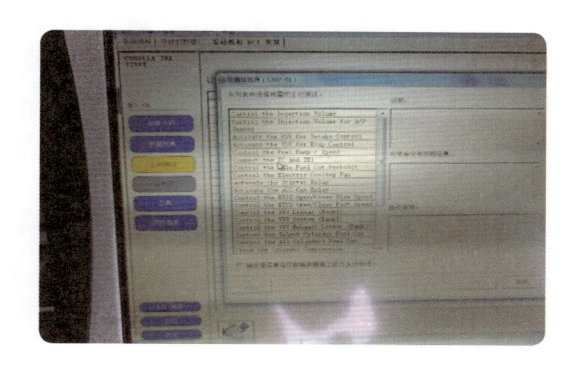

Step 07	作法	目的與注意事項
數據判讀比對	紀錄數據值與標準值差異	思考故障狀況與電腦顯示系統吻合否？

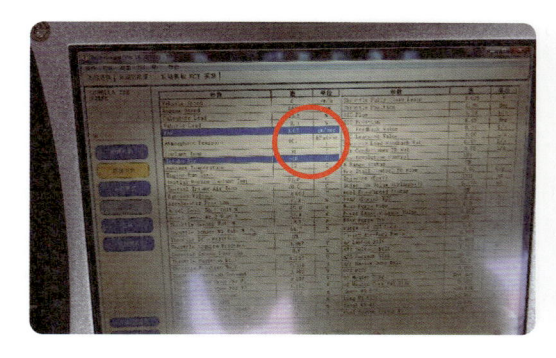

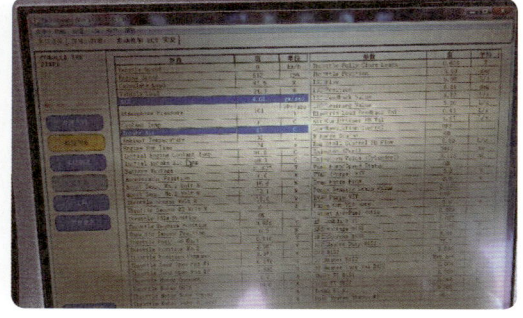

Step 09	作法	目的與注意事項
確認問題點	依電腦顯示故障的零件，再用電錶測量數據是否不符規範	三用電錶【測量單位】的選擇要正確

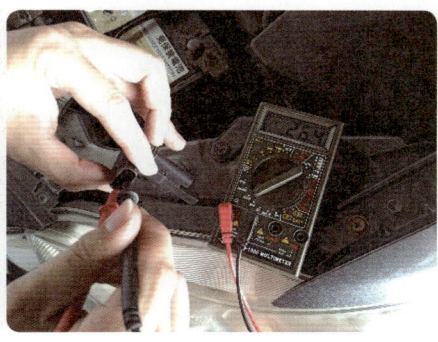

Step 09 故障排除、零件更換	作法	目的與注意事項
	更換損壞零件	安裝前新舊零件要先測量、比對、確認

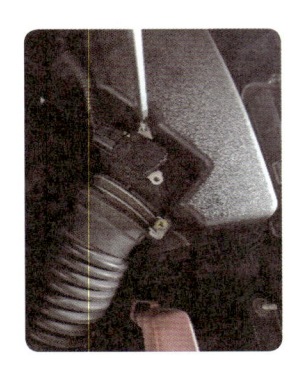

Step 10 故障碼清除	作法	目的與注意事項
	選擇清除故障碼欄位～清除	確認已無故障碼

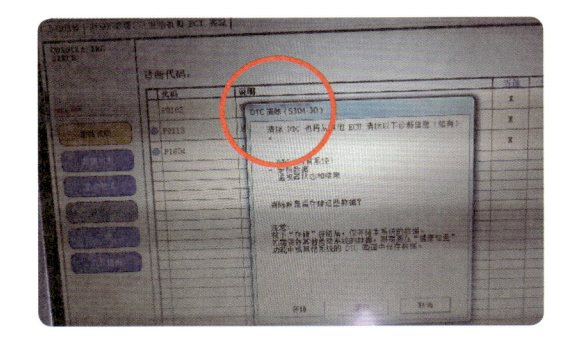

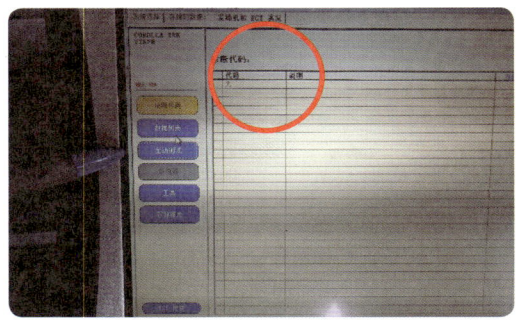

Step 11 系統歸零	作法	目的與注意事項
	確認電腦顯示作業完畢	檢查儀表板歸零校正狀況（燈號閃爍）

Chapter 10　引擎之電腦檢診篇　　107

Step 12
現車運轉
路試、確認

作法	目的與注意事項
確認電腦顯示作業完畢	檢查儀表板歸零校正狀況（燈號閃爍）

本章後語

　　各廠牌電腦檢診作業流程模式不同。檢診一般分為引擎故障排除、底盤 ABS 系統 (包含防滑控制系統、定速系統等等)、電器控制系統 (包含 Body 車身電腦控制、電動窗、中控等等)、冷壓控制系統等多項功能，其中檢診也包含客製化設定及歸零校正及重置記憶等功能，隨著科技愈來愈進步，電腦校正也成為電腦檢診故障排除系統不可或缺的項目之一。

Chapter 10 學後評量

一、選擇題

_____ 1. "數位電腦集中控制噴射系統" 的英文名稱是？

  (A) Motronic   (B) MPI

  (C) API   (D) Control

_____ 2. 從電腦 (PMC) 無法讀出的故障代碼是？

  (A) 節汽門位置感知器

  (B) PVC 閥的訊息

  (C) 含氧感知器

  (D) 水溫感知器

_____ 3. 當電腦測出排氣中含氧較多時，會增加噴油量是何條件作為？

  (A) 引擎轉速感知器

  (B) 空氣流量感知器

  (C) 汽油噴射引擎含氧感知器

  (D) 水溫感知器

_____ 4. 當汽油噴射引擎未啟動時，充電指示燈何時亮起？

  (A) 需充電時亮起

  (B) 待點火開關打開 5～7 秒後亮起

  (C) 點火開關未打開時

  (D) 在點火開關打開後立刻亮起

_____ 5. 以下何者具有混合比回饋控制作用的感知器？

  (A) 空氣流量計   (B) 含氧感知器

  (C) 水溫感知器   (D) 車速感知器

_____ 6. 汽油噴射引擎控制系統中，電腦會根據哪一種元件感應引擎的溫度？

  (A) 光電元件   (B) 進氣的溫度感知器

  (C) 車速感知器   (D) 水溫感知器

_____ 7. 哪一型感知器不屬於引擎點火信號產生器？

  (A) O_2 信號產生器   (B) 霍耳式

  (C) 磁感應式   (D) 光電式

Chapter 10 學後評量

_____ 8. 當電壓表測量汽車電路燈泡的搭鐵線實測電壓為 12V 時表示？
　　　　(A) 電壓太弱　　　　　　　　(B) 電壓表故障
　　　　(C) 搭鐵線斷路或接觸不良　　(D) 燈泡鎢絲燒掉

_____ 9. 電器災害的種類不包括？
　　　　(A) 靜電危害　　(B) 雷電閃爍
　　　　(C) 電器火災　　(D) 電弧灼傷

_____ 10. 以下何者噴射引擎油嘴的噴射時間計算單位？
　　　　(A) ss　　(B) mm
　　　　(C) ks　　(D) ms

_____ 11. A：「檢驗燈可以檢修 O_2 感應器」
　　　　B：「一定要使用診斷儀器或數位電錶檢修 O_2 感應器」
　　　　A 與 B 何者正確？
　　　　(A) A　　(B) B
　　　　(C) 均對　　(D) 均錯

_____ 12. Powertrain Control Module(PCM) 中文是？
　　　　(A) 引擎控制模組　　(B) 底盤控制模組
　　　　(C) 點火控制模組　　(D) 油壓控制模組

_____ 13. Electronic Diesel Control(EDC) 的中文是？
　　　　(A) 電子式診斷控制　　(B) 電子式柴油引擎控制
　　　　(C) 電子式偵測控制　　(D) 電子式震爆控制

_____ 14. 在 OBDII 系統中，診斷接頭的端子數應為？
　　　　(A) 11　　(B) 18
　　　　(C) 15　　(D) 16

_____ 15. 電熱偶式溫度表，如接在感溫器的線頭拔下後直接搭鐵，溫度表指針落在？
　　　　(A) 不動　　(B) 1/2
　　　　(C) H 位置　　(D) C

Chapter 10 學後評量

_____ 16. 汽油噴射引擎控制系統中，電腦根據得知引擎轉速？
  (A) 曲軸位置感知器　　(B) 霍爾元件
  (C) 車速感知器　　　　(D) 光電元件

_____ 17. 對於汽油噴射系統中的水溫感知器的說明，何者是正確的？
  (A) 水溫與電阻無關　　(B) 水溫高時電阻小
  (C) 水溫高時電阻大　　(D) 水溫低時電阻小

_____ 18. 關於汽油噴射引擎量測進氣量的元件，何者為非？
  (A) PCV 閥　　　　　　(B) 含氧感知器
  (C) 轉速感知器　　　　(D) 水溫感知器

_____ 19. 汽油噴射引擎進氣歧管中絕對壓力感知器 (MAP) 主要用於測量？
  (A) 進氣量　　　　　　(B) 排氣量
  (C) 水溫　　　　　　　(D) 噴油量

_____ 20. 當車速高時轉動方向盤相較於低速時所產生的壓力？
  (A) 較大　　　　　　　(B) 較小
  (C) 一樣　　　　　　　(D) 無法得知

Chapter 11

新式科技裝置

11-1　主動安全裝置

11-2　被動安全裝置

11-3　性能提升裝置

本章節 是依當下高級車款的裝置配備所作的彙整，然各家裝置名稱或因翻譯或因功能，可能不盡相同也或略有差異。若有差異處仍應再參考該車型的使用手冊說明為佳。另本章節依：

11-1 主動安全裝置：讓駕駛者瞭解或車輛系統主動作動的。

11-2 被動安全裝置：該功能作動是在提醒周邊的車輛駕駛人或行人看的，是屬【被動】的安全裝置。

11-3 性能提升裝置：是讓行駛操控更舒適、環保、性能更佳的裝置。

這三類來編排，有些功能或許會重複編排請知悉。

11-1 主動安全裝置

讓駕駛者瞭解車輛系統【主動】作動。

系統裝置名稱	功能
HUD 多功能抬頭顯示幕	將行駛相關訊息及行車輔助系統各項資訊，藉由顯示器螢幕投射於前擋風玻璃，讓駕駛者直視前方路況也能從前擋風玻璃掌握車輛訊息，不需低頭分心看儀表板，以提升行車安全。
PUH 行人撞擊緩衝機制	於前保險桿內裝設偵測感知器，當正面撞擊物體時，撞擊力度超過其設定門檻且車速在設定範圍內，PUH 行人撞擊緩衝機制即會將引擎蓋升起，加大引擎室空間，降低行人頭部直接撞擊引擎蓋及前擋風玻璃的力度。
A 群組- 行車輔助系統	
A 群組 - 1 PCS 預警式防護系統附自動煞車輔助	此系統使用前攝影機偵測與雷達感知器，當車輛前方很有可能會正面撞擊到物體時，便會發出警示提醒駕駛人採取動作，並增加煞車壓力或自動煞車，以降低所產生的衝擊。
A 群組 - 2 LDA 車道偏離警示系統	行駛於有標線的道路時，當車輛偏離車道或行進路線時，資訊顯示幕會警示且蜂鳴器會響起或方向盤會震動，以提醒駕駛者注意路況。
A 群組 - 3 AHS 智慧型遠光燈自動遮蔽系統	此系統在前擋風玻璃後方加裝感知器，評估車速與前方燈光、路燈的亮度，自動控制（頭燈照射方向），讓轉彎區域方向更亮也避免影響對向來車視線。
A 群組 - 4 AHB 智慧型遠光燈自動切換系統	擋風玻璃後方加裝感知器以評估車前方燈光、路燈的亮度，自動控制（開啟或關閉遠光燈），以降低對對向來車的影響。

A 群組 - 5 DRCC 雷達感應式車距維持定速系統	車輛行進時，此配備會依前車車速變化，車輛會自動加速或減速，以確保與前車安全間距。
HAC 上坡起步輔助系統	當車輛停放斜坡時，會維持煞車力避免其往後滑動。當引擎重新啟動產生驅動力時即解除煞車。產生驅動力之後，維持的煞車力就會自動取消。
BSM（盲點偵測警示系統）	此配備使用安裝於後保險桿內部左右側的雷達感知器，來偵測相鄰車道上的車輛，並透過外後視鏡上的指示閃燈提醒駕駛人，協助在變換車道時確認安全。
B 群組 -PKSA（駐車支援警示系）	
B 群組 - 1 停車輔助系統	當車輛進行路邊停車或倒車入庫時，此系統會藉由感知器來偵測，將車輛與周邊物體之間的距離資訊給駕駛者。
B 群組 - 2 RCTA（後方車側交通警示）	此功能用於偵測倒車時的後方視覺死角，提醒駕駛者後方有人車經過。
C 群組 — 行車輔助系統總覽	
C 群組 - 1 ABS（防鎖定煞車系統）	當車輛在濕滑路面行駛踩下煞車或緊急煞車時，協助防止因車輪鎖定導致失去控制轉向功能的危險。
C 群組 - 2 BAS（煞車輔助系統）	當系統依煞車力度，判定是緊急煞車的狀況時，會增加煞車的制動力。
C 群組 - 3 VSC（車輛穩定控制系統）	車輛在轉彎時突然偏離過大或濕滑路面過彎時，協助駕駛人控制煞車。
C 群組 - 4 二次防碰撞煞車系統	當車輛碰撞使氣囊感知器作動時，此系統會自動控制煞車降低車速，以降低可能因二次碰撞的損傷。
C 群組 - 5 TRC（循跡防滑控制系統）	車輛在急起步或濕滑路段加速時，協助避免驅動輪打滑空轉以維持車輛驅動力。
C 群組 - 6 HAC（上坡起步輔助控制系統）	車輛在上坡起步時，協助避免車輛向後倒退的狀況。
C 群組 - 7 VGRS（可變齒比轉向系統）	依車速及方向盤轉動量，來微調 轉向角度。
C 群組 - 8 DRS（後輪主動轉向系統）	會依方向盤轉動量來調整後輪角度，以提升車輛轉向反應靈敏度。
C 群組 - 9 EPS（電子動力方向盤系統）	轉向系統配備電動馬達取代油壓轉向幫浦來減輕操縱方向盤的力量。
C 群組 - 10 主動式防傾斜系統	依據方向盤轉動量減少轉彎時的左右搖晃，以維持穩定的車輛動態。

系統裝置名稱	功能
C 群組 - 11 AVS（可變阻尼避震系統）	此系統會依路況及駕駛狀況，分別控制各車輪避震器的阻尼，以提升駕駛舒適性與車輛穩定性。此外減震力會依所選擇的駕馭模式而不同。
C 群組 - 12 LDH（智慧型動態操控系統）	提供對 VGRS、DRS、和 EPS 的整合控制。依據方向盤操作及車速控制前後輪的轉向角度，有助於提升低速時的轉向特性、中速時的反應性及高速時的安全性。
C 群組 - 13 VDIM（車輛動態整合管理系統）	將 ABS、BAS、VSC、TRC、HAC、VGRS、EPS、DRS、主動式防傾斜桿系統及 AVS 等系統 整合控制。讓車輛在濕滑路面或偏離方向時，藉由煞車控制、引擎動力輸出、轉向輔助及轉向齒比來協助維持車輛行駛的穩定性。
C 群組 - 14 緊急煞車信號	緊急煞車時，煞車燈會自動閃爍，以給予後方車輛警示。
C 群組 - 15 TPWS 胎壓偵測警示系統	胎壓偵測警示系統會將所偵測的胎壓顯示在資訊顯示幕上，當輪胎壓力或溫度超過所設定的範圍時（過高或過低），會有警示音提醒駕駛人，避免因輪胎胎壓不當所產生的危險狀況。

11-2 被動安全裝置

該功能作動是在提醒周邊的車輛駕駛人或行人看的，是屬【被動】的安全裝置。

系統裝置名稱	功能
A 群組 - 3 AHS 智慧型遠光燈自動遮蔽系統	此系統在前擋風玻璃後方加裝感知器，評估車速與前方燈光、路燈的亮度，自動控制（頭燈照射方向），讓轉彎區域方向更亮也避免影響對向來車視線。
A 群組 - 4 AHB 智慧型遠光燈自動切換系統	擋風玻璃後方加裝感知器以評估車前方燈光、路燈的亮度，自動控制（開啟或關閉遠光燈），以降低對對向來車的影響。
C 群組 - 14 緊急煞車信號	緊急煞車時，煞車燈會自動閃爍，以給予後方車輛警示。
日行燈	不論燈光開關有無開啟，只要車輛啟動該燈即會亮起，讓其他車輛駕駛清楚本車是行駛或引擎運轉中。

11-3 性能提升裝置

是讓行駛操控更舒適、環保、性能更佳的裝置。

系統裝置名稱	功能
可變進氣系統	利用改變引擎進氣管的斷面積或長度，以改變進氣量與流速，以符合低中高轉速的不同駕駛狀況需求。
引擎進氣增壓系統	一般引擎是利用活塞下行時自然吸氣，引擎進氣增壓系統則是裝置進氣增壓器強制【灌】氣至汽缸，讓燃燒更完全以產出更大動力。
複合式動力系統	是指擁有二種以上的動力源的車輛（例如：汽油引擎驅動＋電池驅動，即市面俗稱的油電車）。
前座乘員分級系統	此系統會偵測前乘客座的距離等狀況，以判斷需要或解除前乘客座氣囊及前乘客座膝部防護氣囊系統。
引擎晶片防盜系統	車鑰匙內有收發晶片，如果車鑰匙未與車上的電腦配對，將無法啟動引擎，以防止車輛遭竊。
Smart Access 智慧型車門啟閉控制系統 & Push Start 引擎觸控啟動開關	隨身攜帶智慧型鑰匙的攜帶者本身身體就是鑰匙。可以不用傳統鑰匙，即可用手操作上鎖、解鎖、開啟行李箱和啟動引擎。
駕駛位置記憶	當一車有不同駕駛人、不同體型時，可依各人體型（記憶各人座椅的高低前後位置），方便車輛操作或觀看行車資訊。
電動易進系統	當排檔桿在 P 檔位、引擎已關閉且駕駛座安全帶解開時，座椅和方向盤會自動移至讓駕駛者下車的最大位置，讓駕駛者上下車更容易方便。
定速系統	可在不踩油門的情況下，維持在所設定的車速行駛。
Stop & Start 智慧型引擎節能系統	此系統會依據煞車踏板或排檔桿的操作訊息，將引擎熄火或重新啟動。
智能多重行使模式選擇開關	可依行駛狀況選擇駕馭模式。 1. NORMAL 正常模式　2. ECO 節能模式　3. SPORT 運動模式
電子控制氣壓式懸吊系統	此配備可依路況或個人駕駛狀況，調整行駛時的車輛高度。
雨滴式感應雨刷	藉由在前擋風玻璃裝設雨滴感知器，感測雨滴量的變化，進而自動控制雨刷作動的擺動頻率。減輕駕駛者操控車輛的負擔。

本章後語

科技不斷推陳出新，企業競爭也從未停歇，原先是頂級車款才有的選擇配備，往往不出 3 年即成車輛出廠必備的標準配備。這是消費者的福音但也是負擔（車價與維修同樣也會增加）。身為車界服務人員更應與時俱進，了解各項新式配備裝置與其功能，畢竟這是從事汽車業界人員應有的專業。

Chapter 11 學後評量

一、選擇題

_____ 1. 車輛中有許多主動安全，下列何者為非？
  (A) 緊急煞車信號 (B) 煞車輔助系統
  (C) SRS 安全氣囊 (D) 防鎖死煞車系統 (ABS)

_____ 2. BAS 為何種系統？
  (A) 氣囊系統 (B) 智慧型駐車輔助
  (C) 盲點偵測警示系統 (D) 煞車輔助系統

_____ 3. 在斜坡上踩住煞車時，能讓駕駛人輕鬆起步且不用擔心車子往後滑動的系統是？
  (A) 上坡起步輔助控制 (B) 下坡起步輔助控制
  (C) 煞車輔助控制 (D) 智慧型駐車煞車

_____ 4. 煞車輔助系統何時啟動？
  (A) 拉手煞車時啟動
  (B) 當駕駛人無法在緊急煞車時能產生足夠煞車力，來提供輔助煞車力
  (C) 發生在一般煞車時即啟動
  (D) 加油門時啟動

_____ 5. 何者是智慧型主動式轉向頭燈系統 (AFS) 的正確說明？
  (A) 轉彎時藉由把遠光燈轉向內側彎道
  (B) 為確保寬廣的遠光燈照明區域設備
  (C) 為確保寬廣的近光燈照明區域設備
  (D) 要開遠光燈才啟動

_____ 6. 關於防鎖死煞車系統 (ABS) 何者有誤？
  (A) 在重踩煞車或在濕滑路面煞車時可避免車輪被鎖死
  (B) ABS 系統可讓煞車不鎖死狀態下仍可操控方向盤
  (C) 只要踩煞車時系統便會啟動
  (D) ABS 的功能是穩定煞車期間的煞車作用

Chapter 11 學後評量

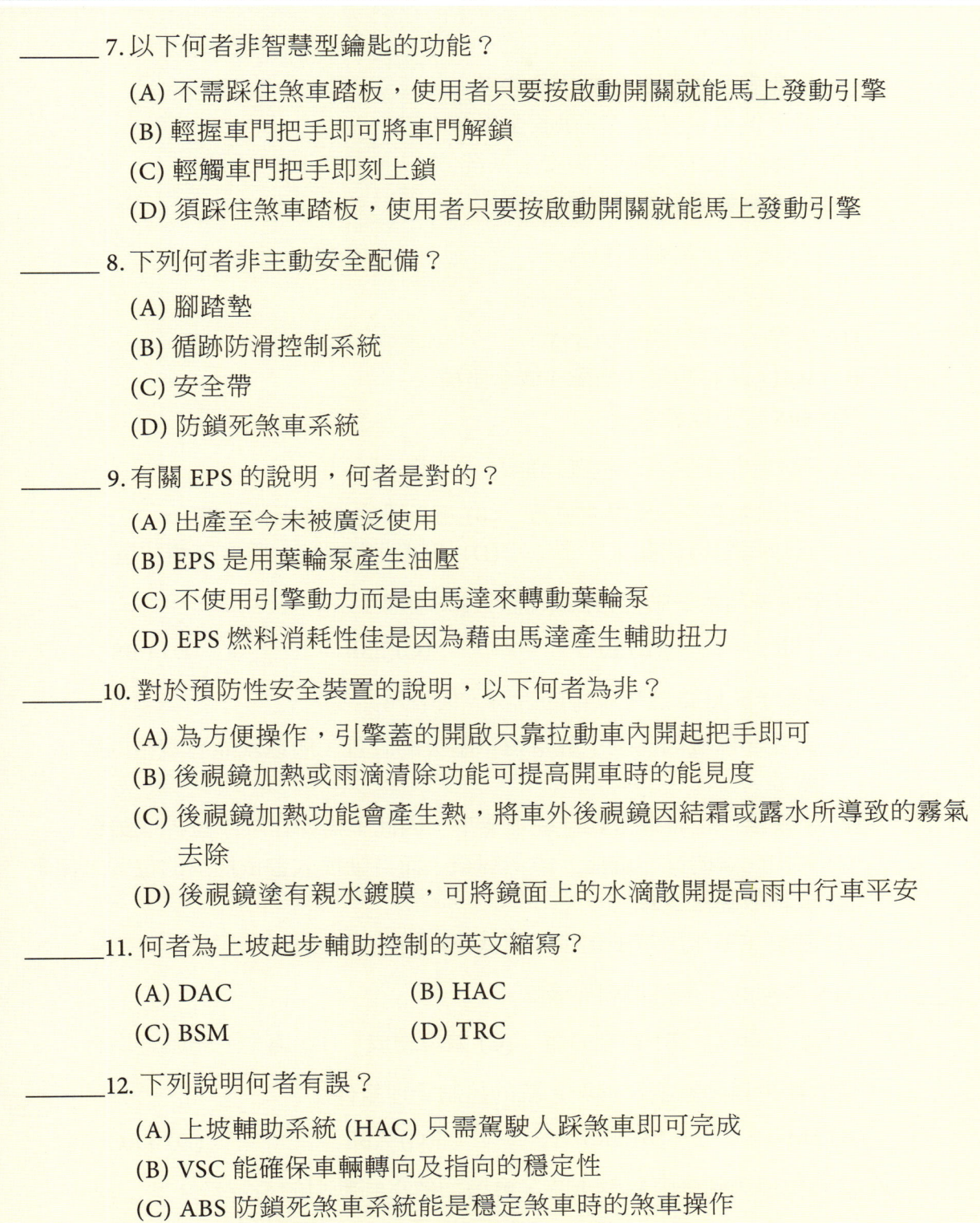

_____ 7. 以下何者非智慧型鑰匙的功能？

    (A) 不需踩住煞車踏板，使用者只要按啟動開關就能馬上發動引擎

    (B) 輕握車門把手即可將車門解鎖

    (C) 輕觸車門把手即刻上鎖

    (D) 須踩住煞車踏板，使用者只要按啟動開關就能馬上發動引擎

_____ 8. 下列何者非主動安全配備？

    (A) 腳踏墊

    (B) 循跡防滑控制系統

    (C) 安全帶

    (D) 防鎖死煞車系統

_____ 9. 有關 EPS 的說明，何者是對的？

    (A) 出產至今未被廣泛使用

    (B) EPS 是用葉輪泵產生油壓

    (C) 不使用引擎動力而是由馬達來轉動葉輪泵

    (D) EPS 燃料消耗性佳是因為藉由馬達產生輔助扭力

_____ 10. 對於預防性安全裝置的說明，以下何者為非？

    (A) 為方便操作，引擎蓋的開啟只靠拉動車內開起把手即可

    (B) 後視鏡加熱或雨滴清除功能可提高開車時的能見度

    (C) 後視鏡加熱功能會產生熱，將車外後視鏡因結霜或露水所導致的霧氣去除

    (D) 後視鏡塗有親水鍍膜，可將鏡面上的水滴散開提高雨中行車平安

_____ 11. 何者為上坡起步輔助控制的英文縮寫？

    (A) DAC   (B) HAC

    (C) BSM   (D) TRC

_____ 12. 下列說明何者有誤？

    (A) 上坡輔助系統 (HAC) 只需駕駛人踩煞車即可完成

    (B) VSC 能確保車輛轉向及指向的穩定性

    (C) ABS 防鎖死煞車系統能是穩定煞車時的煞車操作

    (D) TRC 能穩定車子在加速時的加速操作

_____13. 下列說明何者為非？

　　(A) 胎壓警示器屬於被動安全系統

　　(B) 緊急煞車訊號屬於主動安全系統

　　(C) ABS 附 EBD 屬於主動安全系統

　　(D) SRS 氣囊屬於被動安全系統

_____14. 關於被動安全配備不包含？

　　(A) 車身結構

　　(B) 盲點偵測警示系統 (BSM)

　　(C) WIL(緩和頸椎的衝擊) 概念座椅

　　(D) SRS 安全氣囊系統

_____15. 以下何者非記憶系統控制功能？

　　(A) 可以操作車外後視鏡位置　　(B) 可以設定駕駛座椅位置

　　(C) 可以用記憶開關來設定　　　(D) 可以設定駕駛、乘客座椅位置

_____16. 以下何者為電子動力轉向系統的英文縮寫？

　　(A) ESP　　　(B) EPS　　　(C) ESB　　　(D) EBS

_____17. 有關電子式駐車煞車系統的說明，何者為非？

　　(A) 在腳部區域因為少了駐車煞車踏板的設置，所以就能有寬裕的腳部空間

　　(B) 在車輛停止時會自動作駐車煞車，因此不需操作駐車拉桿或踏板

　　(C) 藉由開關的操作就能上鎖與解鎖，而自動模式會依換檔的位置來鎖定或釋放駐車煞車

　　(D) 駐車煞車作用電子化後能降低使用時的操作力道

_____18. AFS 作動的元件是下列何者？

　　(A) 近光頭燈　(B) 遠光頭燈　(C) 頭燈總成　(D) 遠光近光頭燈均有

_____19. 何者非車輛動態整合管理系統的控制管理組件？

　　(A) HAC　　　(B) SRS　　　(C) ABS　　　(D) TRC

_____20. 當系統偵測到是緊急煞車時，會增加煞車制動力的系統是？

　　(A) BAS　　　(B) EPS　　　(C) AFS　　　(D) ABS

Chapter 12

鈑金之作業淺談

12-1　鈑金作業概述

12-2　鈑金作業流程

12-1 鈑金作業概述

　　鈑金作業～猶如人體骨科：汽車的安全撞擊係數，往往取決於車體的材質與結構。車體結構依實務維修作業，可大致分為車身底盤大樑、引擎室、A.B.C柱與後車箱結構。如何將車輛受損部位，藉由拉拔、切換、銲接作業，讓車輛回復至原來尺寸，影響到再次撞擊的安全承受度及行駛的舒適與美觀甚鉅。可謂之為汽車維修骨科醫師。

一、鈑金的定義

　　汽車因事故撞擊導致車體鋼板產生變形扭曲凹陷，需藉由拉拔敲平切換修補恢復原狀作業，謂之鈑金作業。

二、鈑金的目的

　　讓受損車身鈑件經維修後，恢復至原狀(安全性及美觀)。

三、鈑金的作業

　　依受損嚴重程度，一般分為小損傷及中大損傷2大區塊。小損傷泛指車身鋼板刮傷凹陷，車體結構未變形謂之小損傷。而車體結構有扭曲變形，需經拉拔、校正車身尺寸、切換鋼板者，謂之中大損傷作業。

　　本章小損傷及中大損傷2大區塊做說明：

12-2 鈑金作業流程

【鈑金作業流程～上】～ 小損傷處理

01 評估損傷範圍
02 磨除舊塗膜
03 調整熔植機設定
04 裝上搭鐵
05 墊圈熔植
06 使用固定鏈條架進行拔拉
07 用手進行維修
08 敲擊
09 拆下墊圈
10 磨除熔植痕跡
11 確認、選擇收縮位置
12 磨除舊塗膜
13 設定墊圈熔植機
14 使用銅棒進行收縮
15 使用碳棒進行維修
16 連續收縮
17 磨除痕跡
18 檢查維修面狀況
19 防鏽

Chapter 12　鈑金之作業淺談

Step 01　評估損傷範圍

作法
目視／觸摸／壓／比較

目的與注意事項
要確定損傷範圍已經被做記號／當看日光燈反射在鋼板上的直線時，要逐漸改變你的眼睛的水平線來判斷變形

(2) 判斷損傷範圍（直尺判斷）

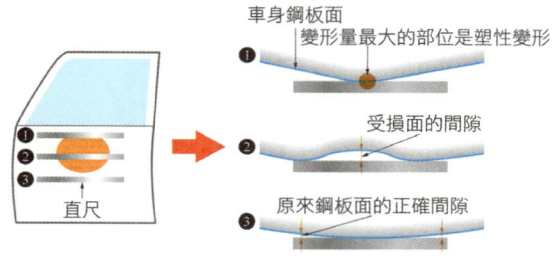

車身鋼板面
① 變形量最大的部位是塑性變形
② 受損面的間隙
③ 原來鋼板面的正確間隙
直尺

(1) 判斷損傷範圍（目視判斷）

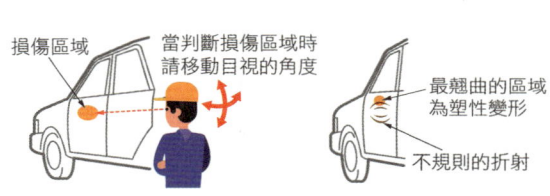

損傷區域
當判斷損傷區域時請移動目視的角度
最翹曲的區域為塑性變形
不規則的折射

朝向損傷區域並且直視損傷區域

(3) 判斷損傷範圍（觸摸判斷）

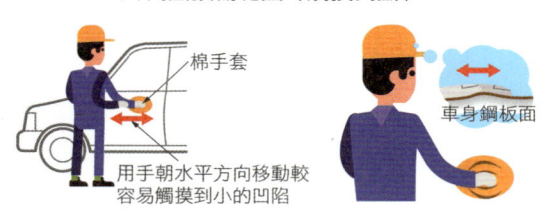

棉手套
車身鋼板面
用手朝水平方向移動較容易觸摸到小的凹陷

站於靠近車輛處(接近受損區域的前後方)，並且觸摸鋼板面

Step 02　磨除舊塗膜

作法
從將要進行墊圈熔植的位置和裝上搭鐵線的位置磨除舊塗膜

目的與注意事項
要確認塗膜是否已被磨除痣熔植墊圈和搭鐵所需的寬度 10mm/0.4in／調整單作用式研磨機的角度來使用砂紙外側 10mm/0.4in 的部位

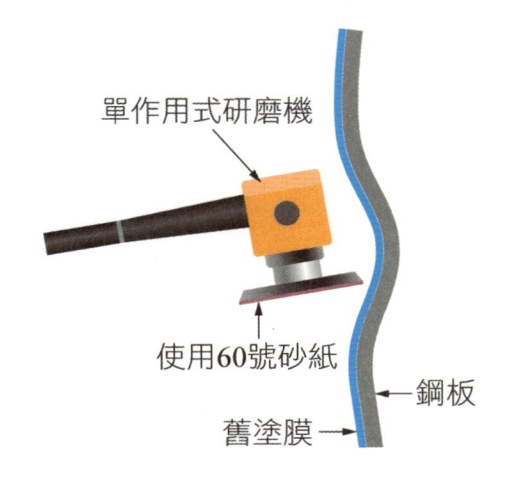

單作用式研磨機
使用60號砂紙
鋼板
舊塗膜

Step 03	作法	目的與注意事項
調整熔植機設定	設定電流和銲接的時間週期	在限制熔植機同時,要確認電流和時間週期是否適當地設定以便將墊圈穩固地熔植至足以進行拉拔程度/使用類似厚度的鈑件耗材當作試驗板

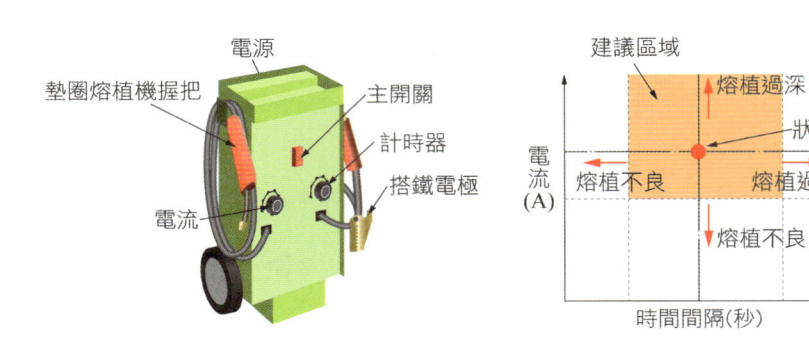

圖說:電源、墊圈熔植機握把、主開關、計時器、搭鐵電極、電流

圖說:建議區域、熔植過深、狀況良好、熔植不良、熔植過深、熔植不良、電流(A)、時間間隔(秒)

Step 04	作法	目的與注意事項
裝上搭鐵	將墊圈熔植至搭鐵的鋼板然後裝上搭鐵	要確認墊圈是否有足夠的熔植強度來承受搭鐵重量/用手將搭鐵壓在鋼板上,然後進行熔植

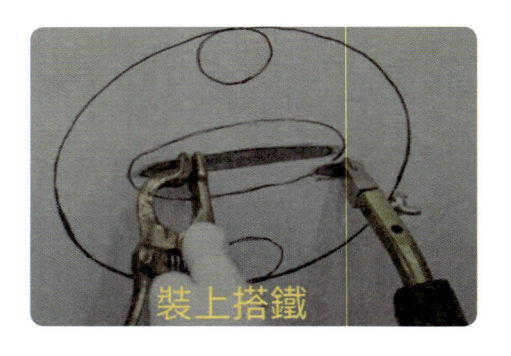

裝上搭鐵

Chapter 12 鈑金之作業淺談

Step 05
墊圈熔植

作法	目的與注意事項
拉拔墊圈熔植到鋼板	要確認墊圈是否已經被熔植至塑性變形 / 用兩隻手握住握把，為了穩定要用一手支撐在鋼板上，並用力地把墊圈壓至鋼板，電壓下鋼板的壓力不可過大

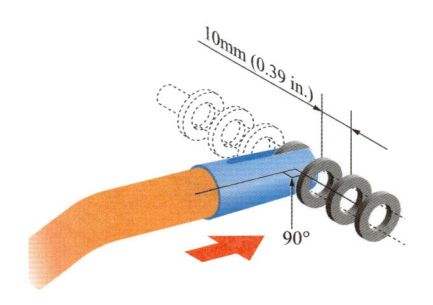

Step 06
使用固定鏈條架進行拔拉

作法	目的與注意事項
將桿子穿過墊圈並在桿子的中間鉤上拉拔工具然後拉拔桿子來修理	將損傷部位拉拔至比未損傷面高 2-3mm/0.08-0.12in/ 拉拔鋼板的方向要與未受損面垂直

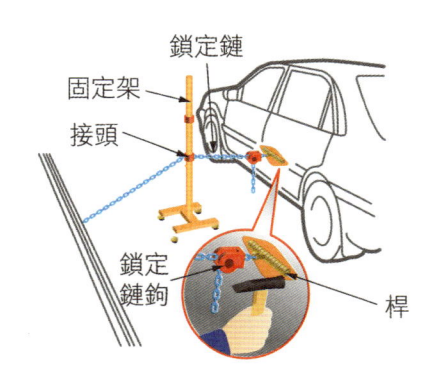

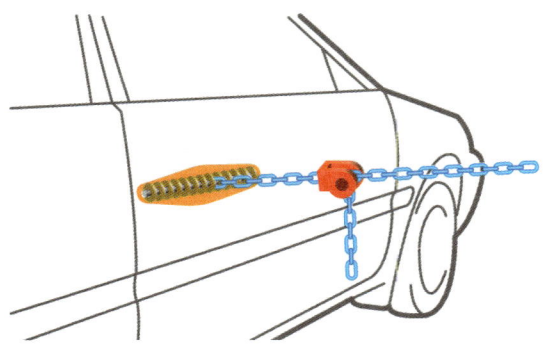

拉拔方向&拉拔量

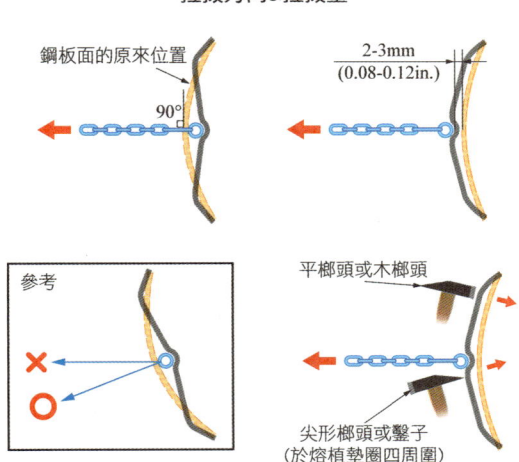

平榔頭或木榔頭

尖形榔頭或鑿子
(於熔植墊圈四周圍)

Step 07 用手進行維修	作法	目的與注意事項
	要修理每一個凸起及評估損傷範圍時有作記號的塑性變形區域	要確認凸起點是否向內移動 / 當鋼板向外拉出時要藉由滑動你的手從高點到低點來進行修理

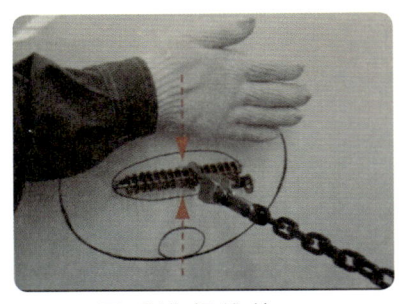

用手進行維修

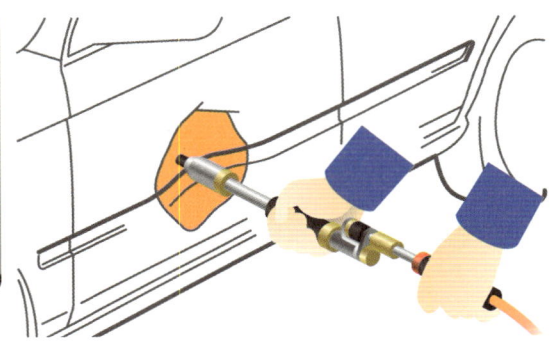

Step 08 敲擊	作法	目的與注意事項
	修理不能用手進行修理的變形	要確認是否以修理了那些可以用木鎚修理的點 / 當鋼板被拉出時，要從高點到低點修理

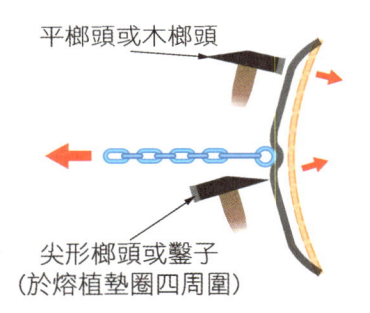

平槌頭或木槌頭

尖形槌頭或鑿子
（於熔植墊圈四周圍）

Step 09 拆下墊圈	作法	目的與注意事項
	用鯉魚鉗拆下墊圈	要確認在鋼板上是否沒有變形和孔洞 / 扭轉要拆下的墊圈

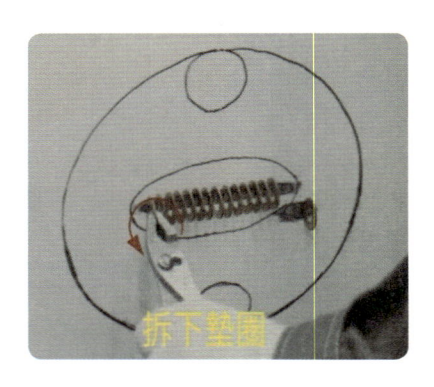

拆下墊圈

Chapter 12　鈑金之作業淺談　　125

Step 10	作法	目的與注意事項
磨除熔植痕跡	使用 60-80 號砂紙和單作用式研磨機研磨表面	要確認所有熔植痕跡是否已經磨除 / 調整單作用式研磨機的角度來使用砂紙外側 10mm/0.4in 的部位

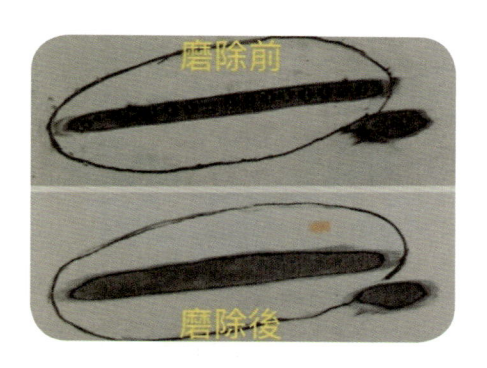

磨除前

磨除後

Step 11	作法	目的與注意事項
確認、選擇收縮位置	找出凸點和鋼板延展而產生的低張力點,並決定收縮位置再依據張力和修理區域的尺寸來選極頭的形式和收縮方法	已經在收縮位置做記號 / 低張力區域的中心,就是收縮的位置。對於高張力的區域使用銅棒,對於低張力區域或大面積使用碳棒

收縮作業	點收縮	連續收縮
極頭	銅棒、碳棒	碳棒
特性	1.單點方式收縮 2.收縮區域小	1.螺旋方式收縮 2.收縮區域大
外觀	收縮痕跡　延伸區域	收縮痕跡

Step 12	作法	目的與注意事項
磨除舊塗膜	使用 60-80 號砂紙和單作用式研磨機研磨表面	要確認記號區域內的所有塗膜是否已經磨除 / 調整單作用式研磨機的角度來使用砂紙外側 10mm/0.4in 的部位

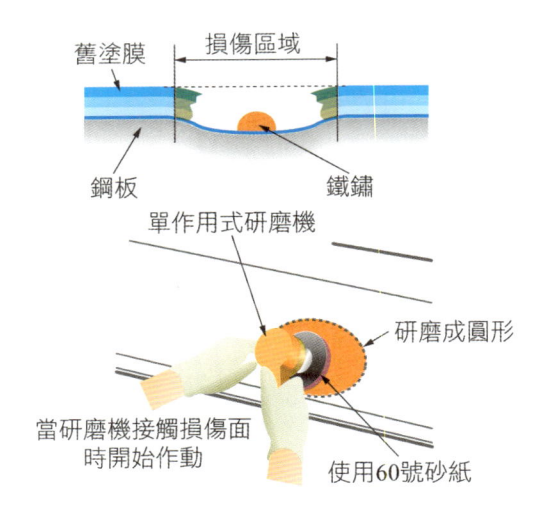

圖示標註：舊塗膜、損傷區域、鋼板、鐵鏽、單作用式研磨機、研磨成圓形、當研磨機接觸損傷面時開始作動、使用60號砂紙

Step 13	作法	目的與注意事項
設定墊圈熔植機	設定電流和墊圈熔植機的時間週期	使用類似厚度的板件耗材當作試驗板 / 若電流太高或時間週期太長昨他將會過度收縮鋼板或留下深的收縮痕跡這也會在鋼板後側產生大的收縮痕跡

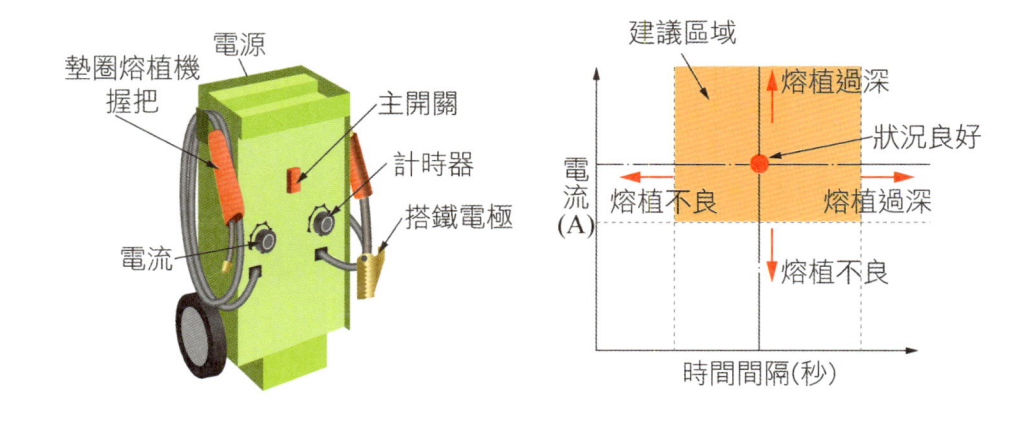

圖示標註：墊圈熔植機握把、電源、主開關、計時器、搭鐵電極、電流

圖表標註：建議區域、熔植過深、狀況良好、電流(A)、熔植不良、熔植過深、熔植不良、時間間隔(秒)

Step 14 使用銅棒進行收縮

作法

銅棒安裝至墊圈熔植機握把然後執行點收縮

目的與注意事項

要確認是否已經維持住張力,且維修表面是否平順及是否稍微低於未受損表面 / 將極頭的尖端放置在鋼板的最高點,然後用足夠的壓力抵住鋼板表面已稍微壓下鋼板,接著對鋼板收縮

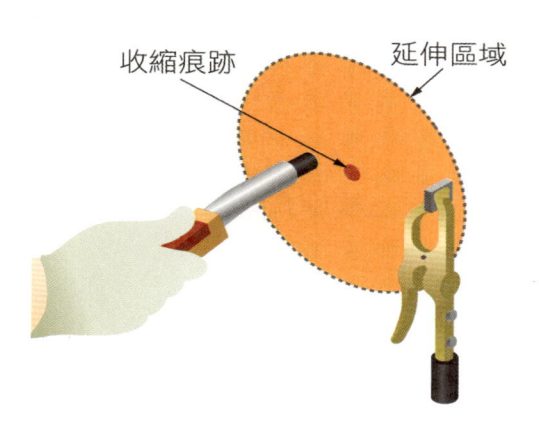

收縮痕跡　　延伸區域

Step 15 使用碳棒進行維修

作法

將碳棒安裝置墊圈熔植機握把然後執行點收縮

目的與注意事項

要確認是否已經維持住張力,且維修表面是否平順及是否稍微低於未受損表面 / 在目標區域將極頭與多點接觸

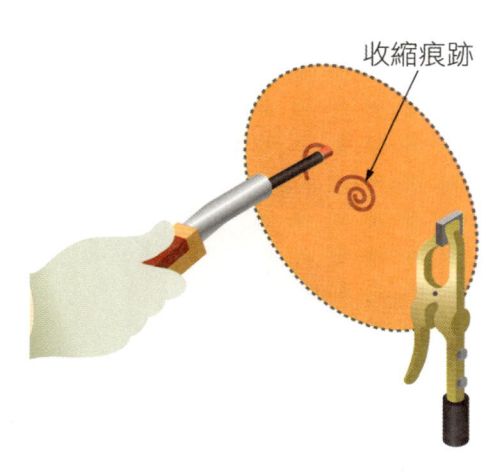

收縮痕跡

Step 16 連續收縮	作法	目的與注意事項
	將碳棒安裝至墊圈熔植機握把然後以螺旋形式執行收縮	1. 要確認是否已經維持住張力，且維修表面是否平順及是否稍微低於未受損表面 2. 為了平順控制，要稍微地傾斜極頭尖端並輕輕地接觸鋼板 3. 為了在中心集中收縮，要從外面開始並往內作業 4. 為了防止過度收縮，要畫一個直徑 20-30Mmm/0.8-1.2in 的螺旋

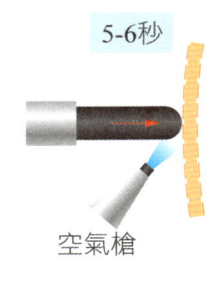

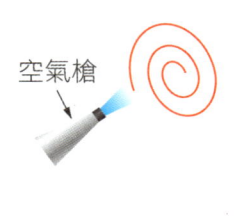

1.產生熱能 （5-6秒 空氣槍）

2.螺旋方向運行 （20 mm (0.79 in)）

3.冷卻 （空氣槍）

Step 17 磨除痕跡	作法	目的與注意事項
	使用 60-80 號砂紙和單作用式研磨機研磨表面	要確認所有熔植痕跡是否已經磨除 / 調整單作用式研磨機的角度來使用砂紙外側 10mm/0.4in 的部位

研磨收縮痕跡

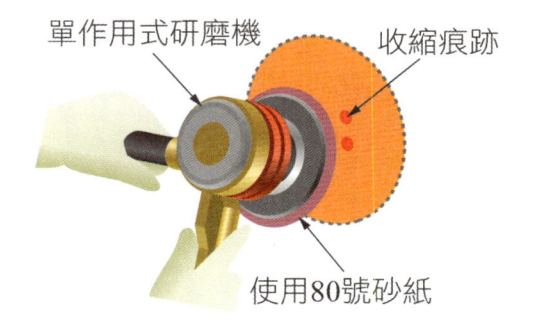

單作用式研磨機　　收縮痕跡

使用80號砂紙

Step 18	作法	目的與注意事項
檢查維修面狀況	檢查表面狀況 / 檢查車身線和鋼板邊緣是否已經恢復 / 要確認已經喪失的張力是否已經恢復 / 檢查配件安裝狀況	1. 要確認是否沒有比未受損面高的點 2. 要確認車身線和鋼板邊緣是否已經恢復至接近於未受損表面的狀況 3. 要確認受損與未受損表面是否有相同的張力 4. 要確認配件是否已被安裝在正確的地方 / 用直尺比較未受損來檢查維修表面 5. 用手壓維修區域和未受損區域來比較鋼板張力 6. 要將其與另一側和未受損比較。

檢查鋼板剛性

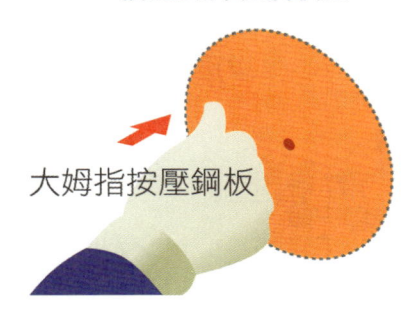

大姆指按壓鋼板

Step 19	作法	目的與注意事項
防鏽	將防鏽劑噴塗至每片被維修鋼板的背面以避免生鏽持續發展	要確認防鏽劑是否噴塗於所有的銲接痕跡

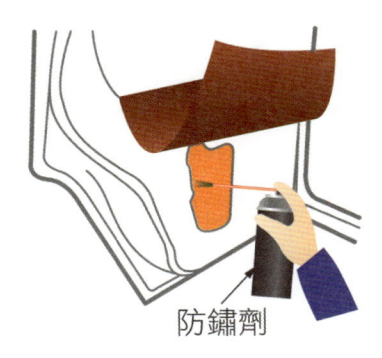

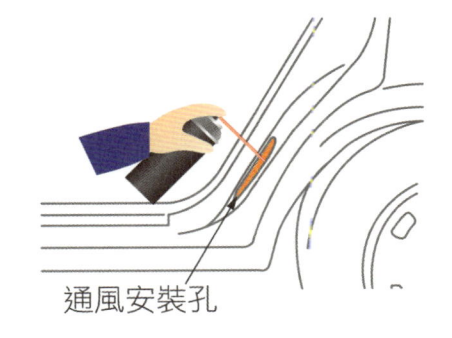

防鏽劑

通風安裝孔

【鈑金作業流程～下】～ 中大損傷作業

- 20 掌握損傷的型態
- 21 適當地固定及支撐車身
- 22 夾具
- 23 拉拔作業
- 24 應力消除
- 25 測量尺寸
- 26 組合鋼板和附件來進行檢查
- 27 拆下受損鋼板
- 28 安裝新鋼板
- 29 防鏽 / 防水處理

Step 20	作法	目的與注意事項
掌握損傷的形態	目視檢查損傷延伸的範圍並參考詢問事故發生狀況獲得資訊	檢查鋼板之間的間隙、偏差、高低差和段差，以及開啟關閉的問題 / 關於鋼板之間的間隙、偏差、高低差和段差或開啟與關閉若有異常，則我們可以預測損傷已延伸至結構零件的廣大範圍

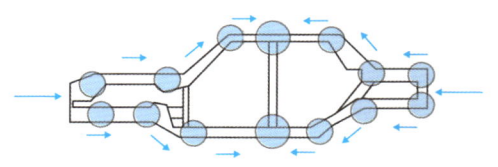

1. 斷面積改變的部位
2. 形狀改變的部位
3. 支點的部位

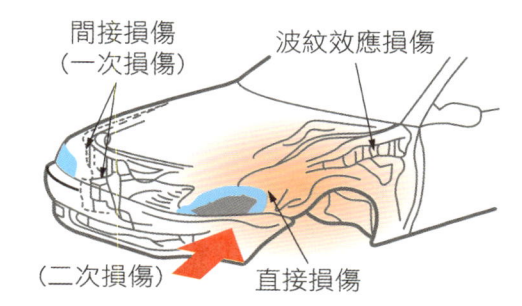

間接損傷（一次損傷）
波紋效應損傷
（二次損傷）
直接損傷

Step 21
適當地固定及支撐車身

作法
在四個位置 (前、後、左、右) 用專用夾具固定車門檻板下側之凸線部位

目的與注意事項
為了有效率執行車身校正，要適當地將車身固定及支撐定位 / 使用千斤頂等來適當地支撐未受損的區域以便使他們不會降低

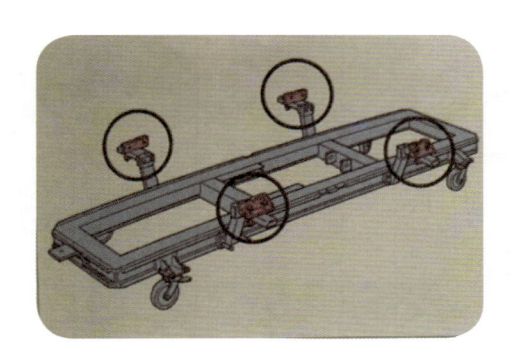

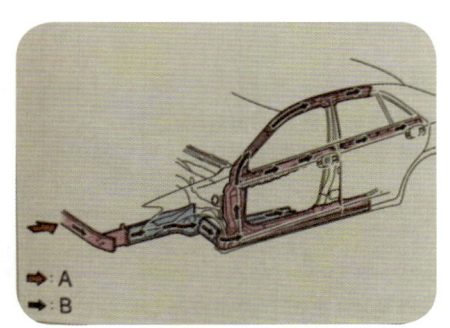

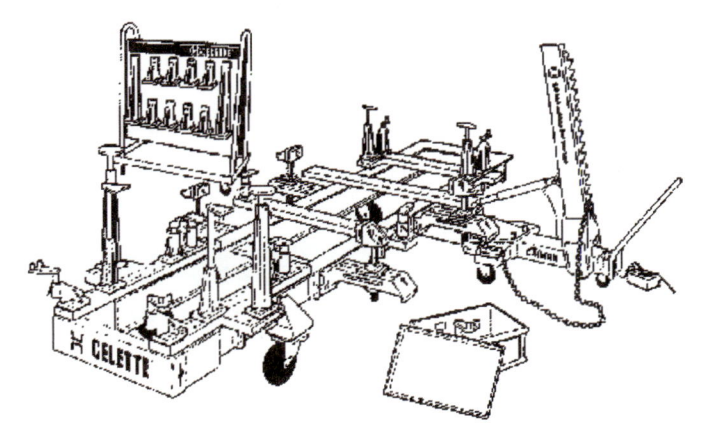

➡ A
➡ B

Step 22	作法	目的與注意事項
夾具	夾具是用來夾住一側上之鋼板的工具且被分為兩種形式底盤夾具和車身夾具	底盤夾具被用來將車身固定至修正機上／車身夾具被用在拉拔作業並依據（被安裝區域）（負荷）（拉拔方向）等條件來選擇

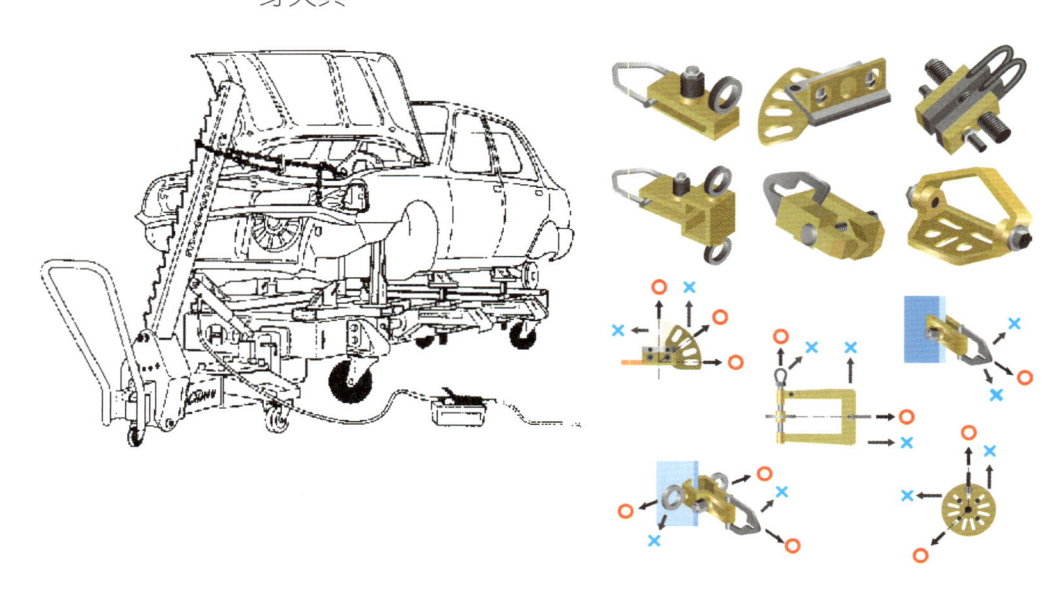

Step 23	作法	目的與注意事項
拉拔作業	藉由拉拔加一個相反於撞擊侵入之力方向的力完成部分車身校正之拉拔作業的基本概念	要將簡單摺疊和彎曲變成直線，就要拉皺褶側的表面並同時從延展側增加推力／拉拔作業是以同時從多方向進行拉拔為基礎

在高處進行拉拔作業

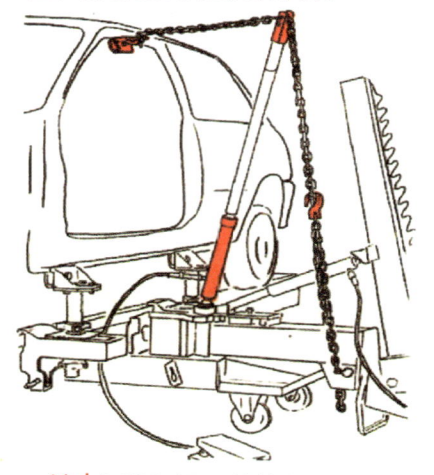

當要拉拔的位置超過拉力臂的高度時，可以使用油壓接桿組進行拉拔作業。

必要工具

- 10噸油壓接桿組合
- 多方向專利夾
- 鏈條

*使用10噸氣動油壓泵浦組

注意：在進行這項拉拔作業時，油壓接桿與鏈條是處於緊繃的狀態，請務必慎選操作拉力臂的位置，以防止萬一接桿或鏈條斷裂飛出造成意外傷害。

Chapter 12　鈑金之作業淺談

Step 24 應力消除	作法	目的與注意事項
	敲擊 * 因彎曲而凸起的區域 * 因彎曲而延展的鋼板區域 * 鋼板上的銲接區域 * 車身線	用敲擊將殘留應力去除 / 藉由拉拔進行維修殘留應力會留在受損零件上

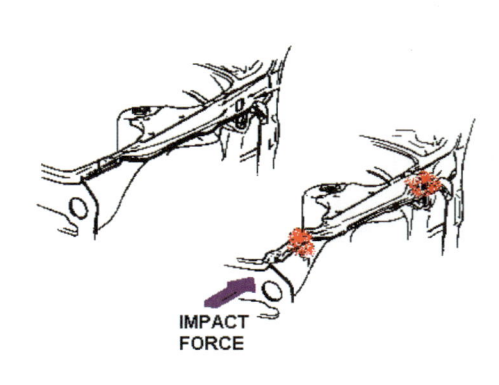

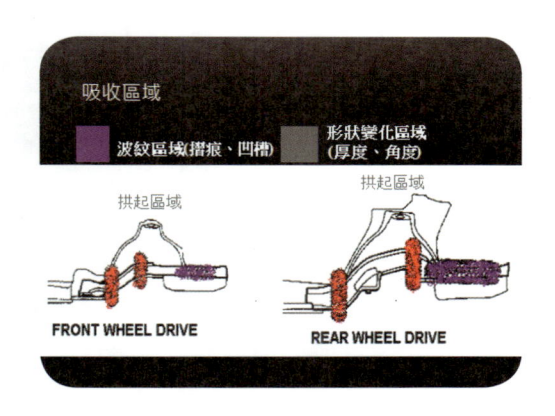

Step 25 測量尺寸	作法	目的與注意事項
	使用歸零尺進行校正（歸零調整）車身量規	用來測量各車身部位的尺寸 / 當移動標準側的指針時要執行校正

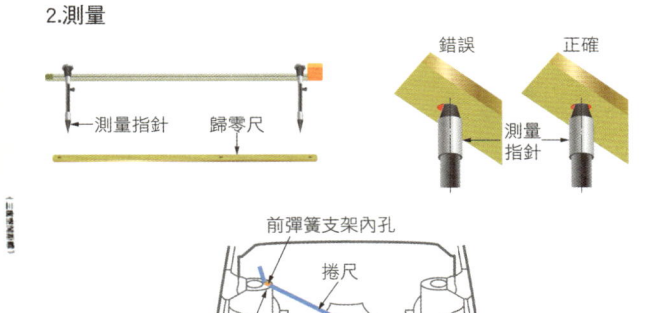

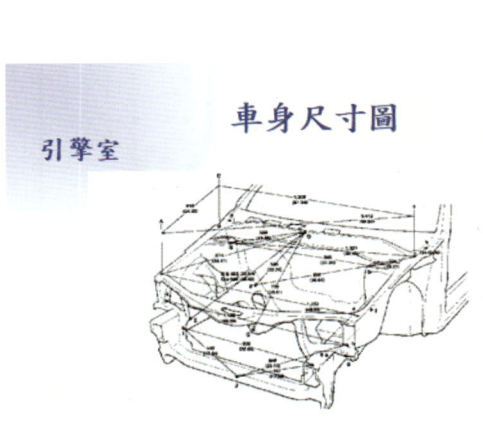

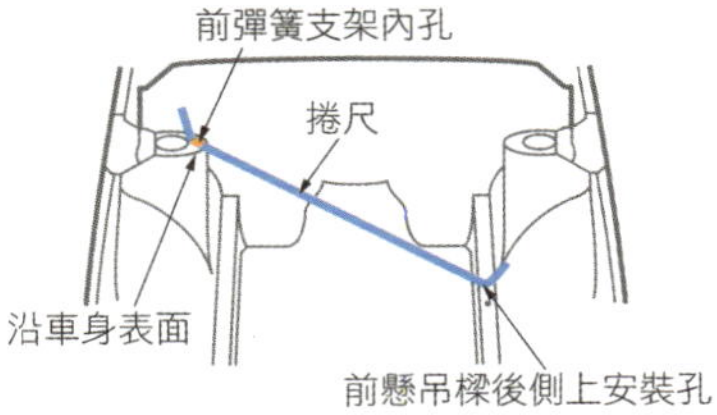

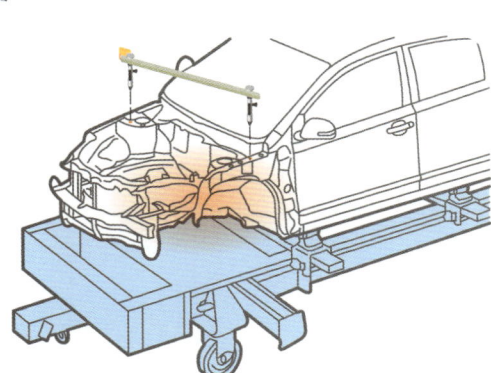

Step 26	作法	目的與注意事項
組合鋼板和附件來進行檢查	組合鋼板和附件然後檢查安裝狀態	檢查各鋼板和附件的間隙、偏差、高低差和斷差是否在調整範圍內／要小心不要對鋼板或附件造成二次損傷

組合附件進行檢查

Step 27	作法	目的與注意事項
拆下受損鋼板	拆卸銲接接合的區域	拆卸銲接區域／鋼板銲點未完全切除時被強力拆下則留下的鋼板可能變形

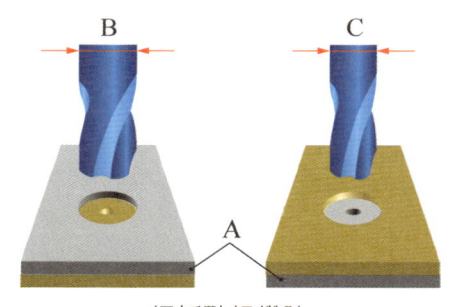

鋼板點銲鑽除

銲接點識別符號圖例

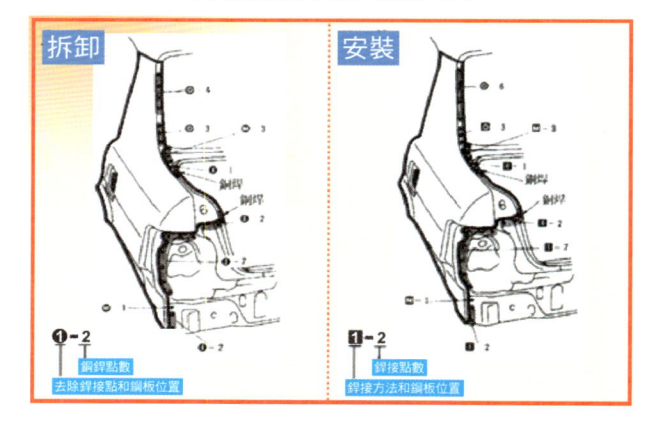

拆卸　安裝

❶-2　銲銲點數
去除銲接點和鋼板位置

❶-2　銲接點數
銲接方法和鋼板位置

Chapter 12 鈑金之作業淺談

Step 28 安裝新鋼板	作法	目的與注意事項
	組合 * 暫時銲接 * 組合鋼板和附件來進行檢查 * 接合 * 銲接後尺寸檢查 * 研磨銲接區域	組合決定新鋼板定位 / 當組合新鋼板或附件時，要用暫時銲接適當地固定鋼板，以便可以拆下可能會妨礙作業的夾具

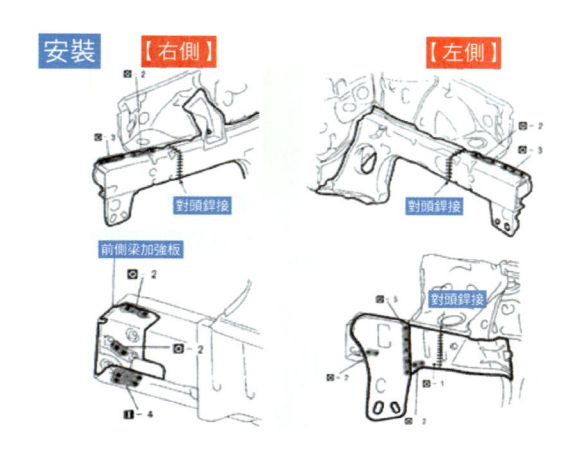

安裝 【右側】 【左側】
對頭銲接　對頭銲接
前側梁加強板
對頭銲接

Step 29 防鏽／防水處理	作法	目的與注意事項
	黏貼隔音墊 * 噴塗底中塗漆 * 塗抹車身密封膠	防水防鏽和隔音處理 / 檢查鋼板母材是否沒有裸露

防鏽劑

通風安裝孔

本章後語

　　品質～是建立在扎實的基礎，需按部就班。一動一動確實做好才可進行下一動，勿因趕時間而偷工減少流程，否則將前功盡棄，甚至多花數倍的時間打掉重練，如：鋼板已銲接完成才發現車身尺寸不符，需將鋼板再切割重新拉拔校正，耗費的時間物料將得不償失甚至難以補救，切記～效率需建立在良好品質上。

Chapter 12 學後評量

一、選擇題

_____ 1. 在墊圈熔植作業完畢後，為什麼必須將鋼板表面的墊圈熔植痕跡完全清除乾淨？
(A) 為了製作羽狀邊　　　　　　　　(B) 避免鋼板表面生鏽和產生氣泡
(C) 為了方便研磨比原鋼板面高的部位　(D) 為了讓金屬表面光亮

_____ 2. 關於點銲銲接的三個條件，何者為非？
(A) 極頭電流　　(B) 極頭壓力　　(C) 通電時間　　(D) 極頭冷卻時間

_____ 3. 當維修剛性較低的鋼板時，最好方法是？
(A) 使用墊圈熔植機和銅電極，實施點收縮
(B) 在受損區塊塗上一層厚補土
(C) 針對受損區塊，施以最小力量敲打作業
(D) 在鋼板的表面抹上補土

_____ 4. 當操作車身校正作業時敲打車身鋼板的作用，何者為非？
(A) 直接敲打鋼板的潰縮部位是拉拔最有效的方式
(B) 銲接部位的敲打是很有效的作法
(C) 敲打損傷面對拉拔損傷鋼板是很有效的方式
(D) 為消除車身鋼板的殘留應力

_____ 5. 羽狀邊的寬度建議應為？
(A) 8mm 以下　(B) 20mm 以上　(C) 10mm 以下　(D) 15mm 以下

_____ 6. 利用紅外線乾燥燈來加速補土乾燥時，控制在何種溫度較適當？
(A) 100°C　　(B) 50°C　　(C) 120°C　　(D) 60°C

_____ 7. 鋼板維修技巧中，與墊圈熔植有何相同的原理？
(A) 點收縮　　(B) 虛敲　　(C) 雙面敲打　　(D) 實敲

_____ 8. 為甚麼要製作羽狀邊？
(A) 讓舊塗膜和補土邊緣更能平順的接合
(B) 預防面漆發生吸陷
(C) 加強鋼板的防鏽性
(D) 可避免在噴圖面漆，發生起泡現象

Chapter 12 學後評量

_____9. 噴塗鋅粉漆至銲接鋼板內側的目的是？

(A) 加強鋼板附著力　　(B) 降低共振　　(C) 預防鏽蝕　　(D) 更能防水

_____10. 操作手磨墊板研磨補土時，何種方法最有效？

(A) 操作手磨墊板，用力壓且快速磨
(B) 在研磨補土部位時，同時用壓縮空氣吹
(C) 使用 80 號砂紙研磨舊的漆面
(D) 操作手磨墊板，輕輕壓並且有慣性地研磨補土

_____11. 對於薄鋼板補土作業的方法，何者為非？

(A) 用同方向移動刮板來整平補土面
(B) 補土前，先將補土和硬化劑拌勻
(C) 補土前，會先在鋼板面上塗抹一層厚厚的補土
(D) 要增塗補土使補土面高過舊的塗膜

_____12. 更換大樑的作業，何者為非？

(A) 銲接電流量必須和銲接後葉子板時相同
(B) 使用 CO_2-MIG 銲接機實施銲接
(C) 在銲接大樑元件時，最好的銲接方法為波浪式銲接法
(D) 通常使用角落銲接法銲接大樑

_____13. 更換擋風玻璃時，不需要以下何種項目？

(A) 特殊纖維線　　(B) 玻璃刮刀　　(C) 乳狀黏著用密封膠　　(D) 玻璃密封膠

_____14. 鋼板更換時切接位置的設置，何者為非？

(A) 確保增加強度的位置
(B) 應力集中的位置
(C) 表面小區域的接合
(D) 背面沒有加強板或導管的位置

_____15. 以下何者為錯誤的大樑更換作業？

(A) 用皮帶式研磨機研磨銲珠，讓銲珠表面比周圍區域稍高即可
(B) 不研磨銲珠表面也沒關係
(C) 在大樑表面塗抹黑色漆並塗抹底漆在銲珠表面
(D) 利用鋼刷清掃銲珠表面

Chapter 12 學後評量

_____16. 何者是維修大樑式車輛的正確作業？

　　(A) 發現側樑發生折曲損傷時，必須要全部更換包含衡量的大樑總成

　　(B) 如果折曲的側樑校正後恢復正常，就不需更換大樑

　　(C) 無論如何都可以將車身與大樑連接在一起同時拉拔校正

　　(D) 可以直接使用氧乙炔加熱處理

_____17. 有關大樑撞損的維修，何者為非？

　　(A) 大樑長度若縮短，應該從前方拉拔大樑

　　(B) 多方向拉拔校正是一項很有效率的技巧

　　(C) 大樑高度若變低，必須先用油壓缸重新校正高度

　　(D) 縮短大樑上各固定點的跨距，提升固定的效果

_____18. 在工作場域化學性有害物進入人體常見為何者？

　　(A) 呼吸道　　　(B) 口腔　　　(C) 眼睛　　　(D) 皮膚

_____19. 何者不是發生電器火災最主要原因？

　　(A) 漏電　(B) 電纜線置於地上　(C) 電氣火花電弧　(D) 電器接點短路

_____20. 作業場域高頻率噪音容易造成哪種症狀？

　　(A) 腕道症候群　　(B) 肺部疾病　　(C) 聽力損失　　(D) 失眠

Chapter 13

鈑金之設施實作

13-1 小損傷鋼板拉拔實作

13-2 中大損傷八掛台、手術台實作

13-1 小損傷鋼板拉拔實作

　　本章節是延續第 12 章的理論概述，在本章節實際操作或看、聽體驗，內容同 12 章但照片改為現場實作照片以真實呈現比對現場實作狀況。建議：連同【第 15 章塗裝之設施與實作】以校外參訪方式，到專業工廠實際參觀了解對照。就能對鈑金與塗裝的作業流程、作業狀況有完整概念。對日後與顧客的說明解說或工作間的安排協調，應能順利行進行。

【鈑金作業流程～上】～ 小損傷處理

01 評估損傷範圍
02 磨除舊塗膜
03 調整熔植機設定
04 裝上搭鐵
05 墊圈熔植
06 使用固定鏈條架進行拔拉
07 用手進行維修
08 敲擊
09 拆下墊圈
10 磨除熔植痕跡
11 確認、選擇收縮位置
12 磨除舊塗膜
13 設定墊圈熔植機
14 使用銅棒進行收縮
15 使用碳棒進行維修
16 連續收縮
17 磨除痕跡
18 檢查維修面狀況
19 防鏽

防護裝備

護目鏡	防塵口罩	棉手套	防毒面具	耐溶劑手套	人員裝備
可避免粉塵、溶劑、等異物傷及眼睛	保護你的呼吸系統不受到在銲接和研磨期間所產生之灰塵的傷害	保護手部免於受板件銳角或銲接飛濺的傷害	避免器官吸入有機溶劑	防止有機溶劑與皮膚接觸和進入身體	預防身體健康危害

Chapter 13　鈑金之設施實作　141

安全鞋	銲接手套	皮手套	護腳皮套	銲接護身皮套	工作服 工作帽
保護腳趾不要被吊	保護手部免於受板件銳角或銲接飛濺的傷害	保護手部免於受板件銳角或銲接飛濺的傷害	在銲接期間保護你的腳不受銲接噴濺的傷害	在銲接期間保護你的身體不受銲接噴濺的傷害	預防身體健康危害

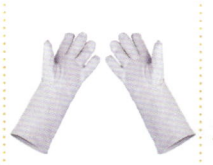

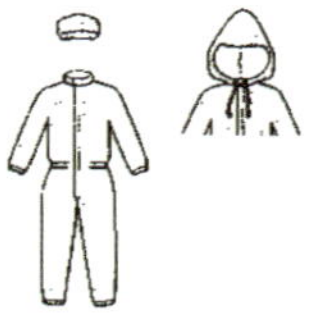

子彈型耳塞	頭戴式耳罩	防 UV 眼鏡	護臉面罩	銲接面罩
保護你的耳朵不受敲擊聲音和在工作期間所產生之噪音的傷害	保護你的耳朵不受敲擊聲音和在工作期間所產生之噪音的傷害	保護你的眼睛不受到研磨粉塵火花和有機溶劑傷害	保護眼睛和臉不受到研磨粉塵和火花的傷害	保護眼睛和臉不受到強的可見光和紫外線與火花的傷害

必要項目

單作用式研磨機	雙作用式研磨機	軌道式研磨機	其他種類研磨機	手模板

砂紙	各式榔頭	手頂鐵	挫刀式手頂鐵	勺匙

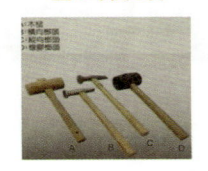

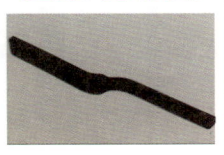

鎖定鏈拉拔架	手動滑鎚	R 規	皮帶式砂輪機	圓盤式研磨機
碳粉	防鏽劑	墊圈熔植機	集塵機	

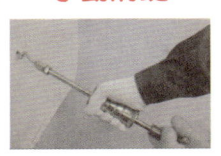

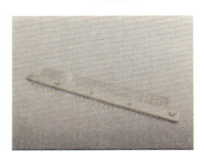

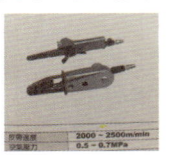

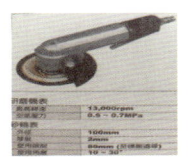

Step 01	作法	目的與注意事項
評估損傷範圍	目視 / 觸摸 / 壓 / 比較	要確定損傷範圍已經被做記號 / 當看日光燈反射在鋼板上的直線時，要逐漸改變你的眼睛的水平線來判斷變形

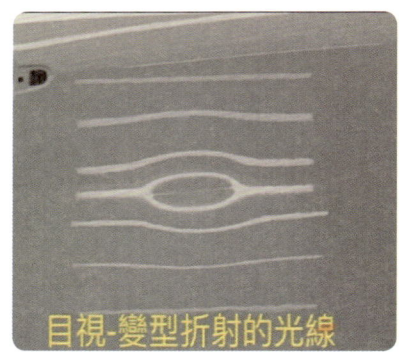

目視-變型折射的光線

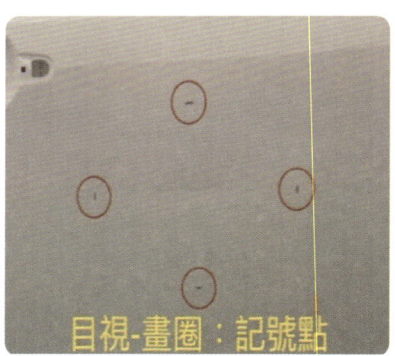

目視-畫圈：記號點

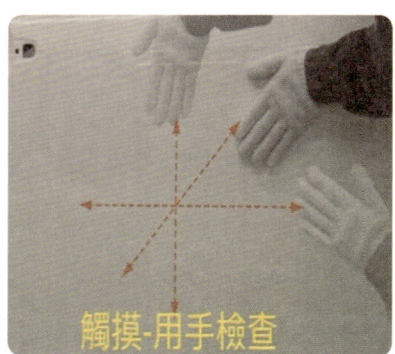

觸摸-用手檢查

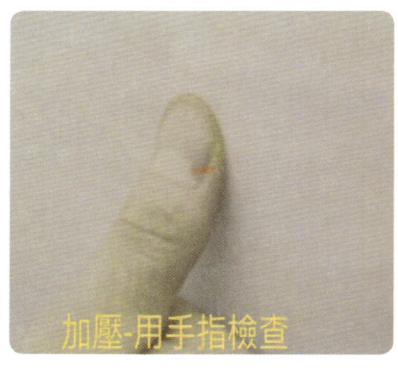

加壓-用手指檢查

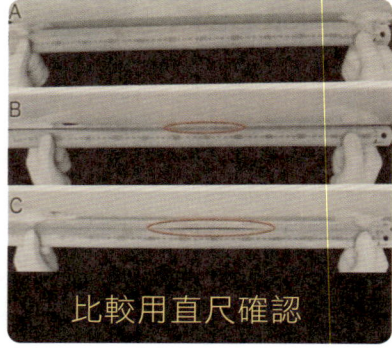

比較用直尺確認

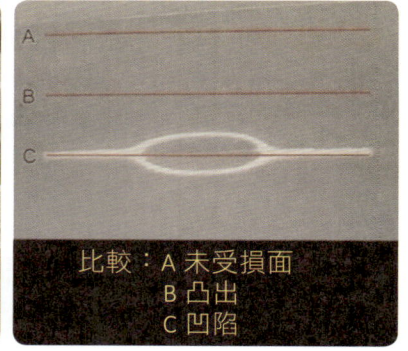

比較：A 未受損面
B 凸出
C 凹陷

Chapter 13　鈑金之設施實作

Step 02　磨除舊塗膜

作法

從將要進行墊圈熔植的位置和裝上搭鐵線的位置磨除舊塗膜

目的與注意事項

要確認塗膜是否已被磨除至熔植墊圈和搭鐵所需的寬度 10mm/0.4in/ 調整單作用式研磨機的角度來使用砂紙外側 10mm/0.4in 的部位

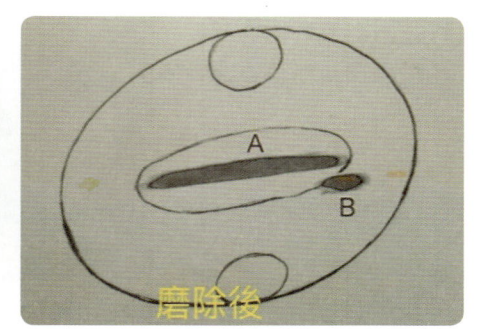

磨除舊塗膜

磨除後

Step 03　調整熔植機設定

作法

設定電流和銲接的時間週期

目的與注意事項

在限制熔植機同時，要確認電流和時間週期是否適當地設定以便將墊圈穩固地熔直至足以進行拉拔程度 / 使用類似厚度的鈑件耗材當作試驗板

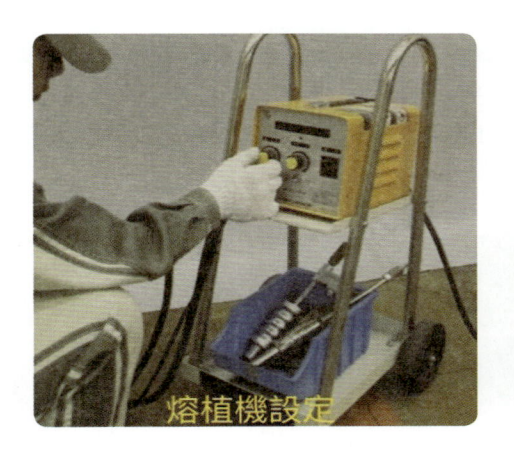

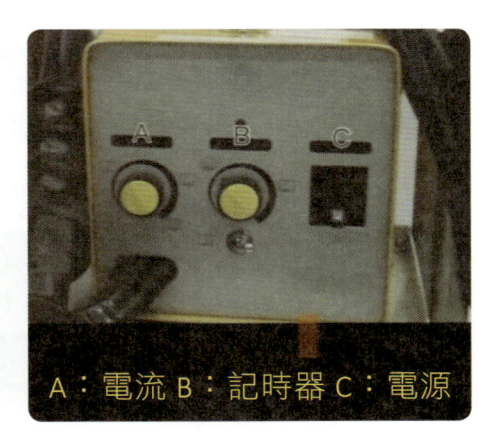

熔植機設定

A：電流 B：記時器 C：電源

Step 04 装上搭鐵	作法	目的與注意事項
	將墊圈熔植至搭鐵的鋼板然後裝上搭鐵	要確認墊圈是否有足夠的熔植強度來承受搭鐵重量／用手將搭鐵壓在鋼板上，然後進行熔植

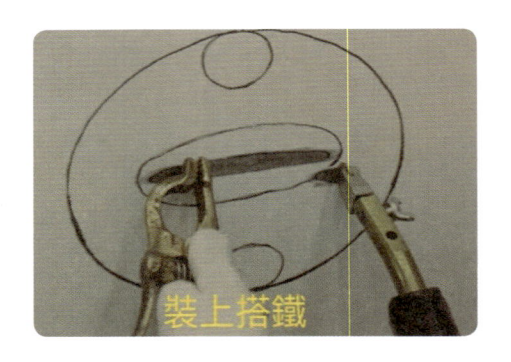

装上搭鐵

Step 05 墊圈熔植	作法	目的與注意事項
	拉拔墊圈熔植到鋼板	要確認墊圈是否已經被熔植至塑性變形／用兩隻手握住握把，為了穩定要用一手支撐在鋼板上，並用力地把墊圈壓至鋼板，電壓下鋼板的壓力不可過大

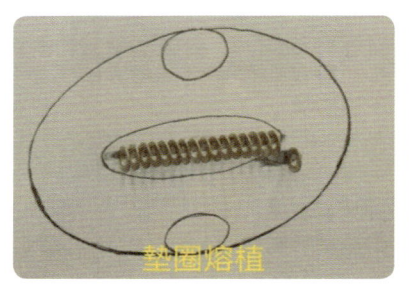

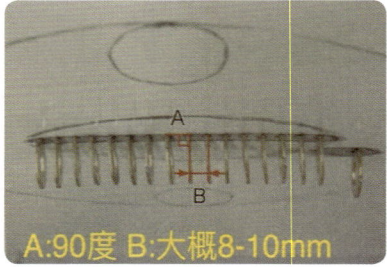

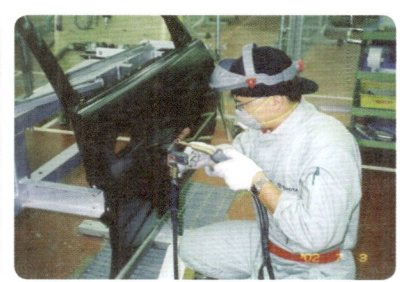

墊圈熔植　　A:90度 B:大概8-10mm

Step 06 使用固定鏈條架進行拔拉	作法	目的與注意事項
	要修理每一個凸起及評估損傷範圍時有作記號的塑性變形區域	要確認凸起點是否向內移動／當鋼扳向外拉出時，要藉由滑動你的手從高點到低點來進行修理

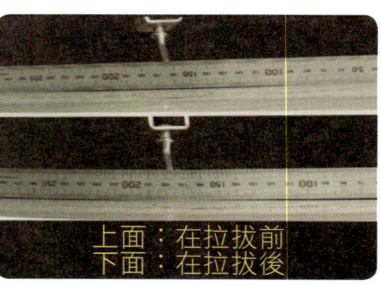

使用固定鏈條架拉拔　　上面：在拉拔前　下面：在拉拔後

Step 07 用手進行維修	作法	目的與注意事項
	要修理每一個凸起及評估損傷範圍時有作記號的塑性變形區域	要確認凸起點是否向內移動／當鋼扳向外拉出時要藉由滑動你的手從高點到低點來進行修理

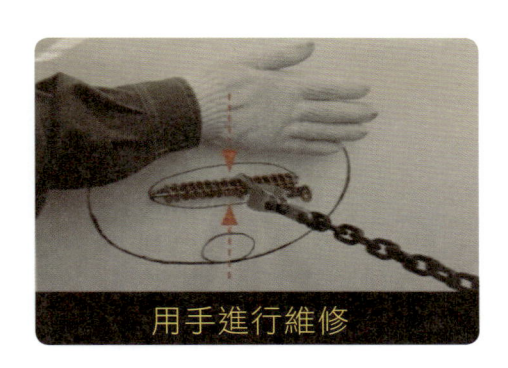

用手進行維修

Step 08 敲擊	作法	目的與注意事項
	修理不能用手進行修理的變形	要確認是否以修理了那些可以用木鎚修理的點／當鋼板被拉出時要從高點到低點修理

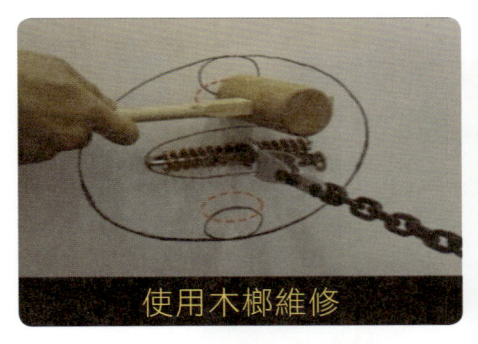

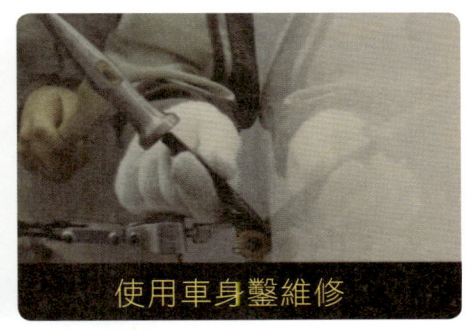

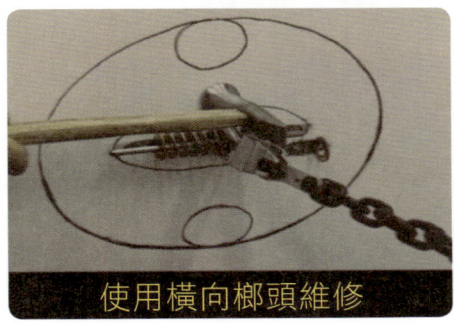

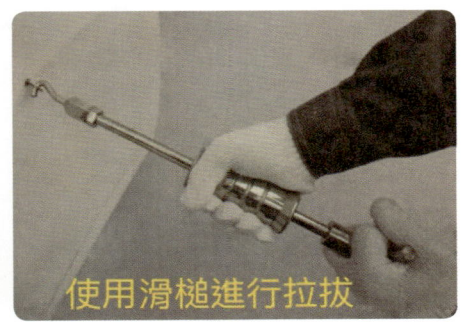

使用木榔維修

使用車身鑿維修

使用橫向榔頭維修

使用滑槌進行拉拔

Step 09 拆下墊圈	作法	目的與注意事項
	使用 60-80 號砂紙和單作用式研磨機研磨表面	要確認所有熔植痕跡是否已經磨除／調整單作用式研磨機的角度來使用砂紙外側 10mm/0.4in 的部位

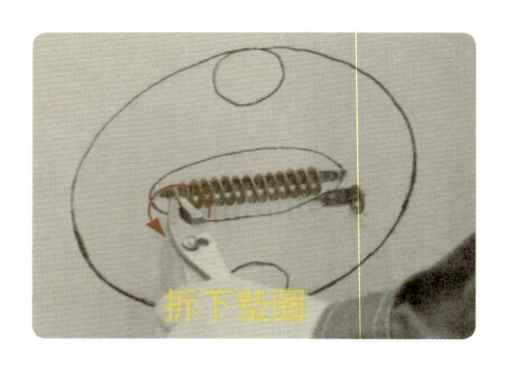

拆下墊圈

Step 10 磨除熔植痕跡	作法	目的與注意事項
	使用 60-80 號砂紙和單作用式研磨機研磨表面	要確認所有熔植痕跡是否已經磨除／調整單作用式研磨機的角度來使用砂紙外側 10mm/0.4in 的部位

磨除前

磨除後

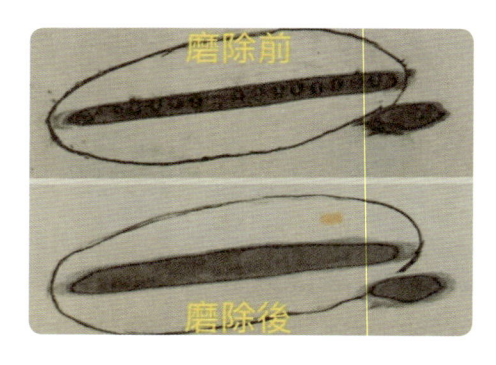

Chapter 13　鈑金之設施實作　　147

Step 11 確認、選擇收縮位置	作法	目的與注意事項
	找出凸點和鋼板延展而產生的低張力點並決定收縮位置再依據張力和修理區域的尺寸來選極頭的形式和收縮方法	已經在收縮位置做記號 / 低張力區域的中心，就是收縮的位置。對於高張力的區域使用銅棒，對於低張力區域或大面積使用碳棒

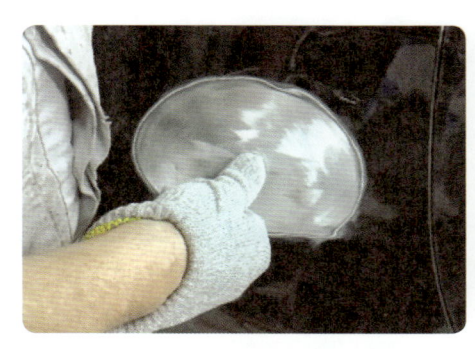

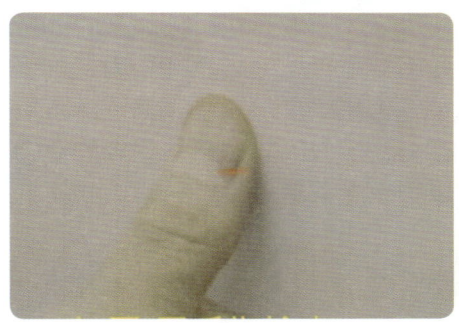

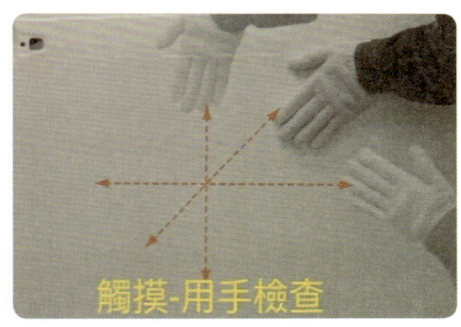

確認收縮位置

觸摸-用手檢查

Step 12 磨除舊塗膜	作法	目的與注意事項
	使用 60-80 號砂紙和單作用式研磨機研磨表面	要確認記號區域內的所有塗膜是否已經磨除 / 調整單作用式研磨機的角度來使用砂紙外側 10mm/0.4in 的部位

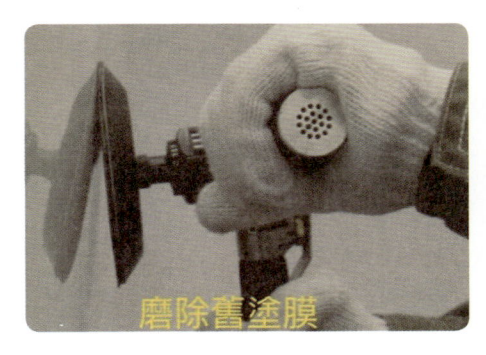

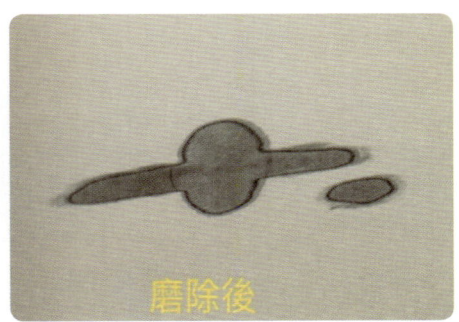

磨除舊塗膜

磨除後

Step 13 設定墊圈熔植機	作法	目的與注意事項
	設定電流和墊圈熔植機的時間週期	使用類式厚度的鈑件耗材當作試驗板 / 若電流太高或時間週期太長昨他將會過度收縮鋼板或留下深的收縮痕跡這也會在鋼板後側產生大的收縮痕跡

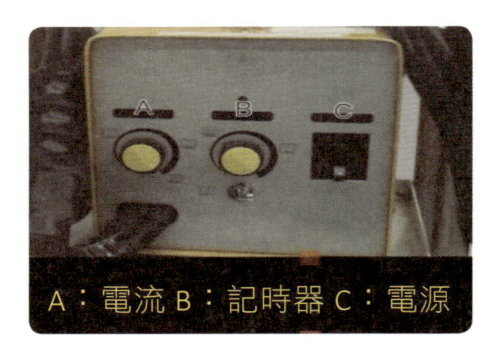

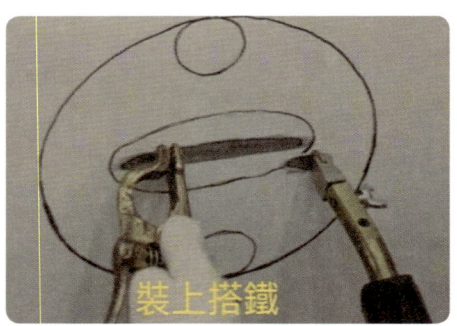

A：電流 B：記時器 C：電源

裝上搭鐵

Step 14 使用銅棒進行收縮	作法	目的與注意事項
	銅棒安裝至墊圈熔植機握把然後執行點收縮	要確認是否已經維持住張力且維修表面是否平順及是否稍微低於未受損表面 / 將極頭的尖端放置在鋼板的最高點然後用足夠的壓力抵住鋼板表面以稍微壓下鋼板接著對鋼板收縮

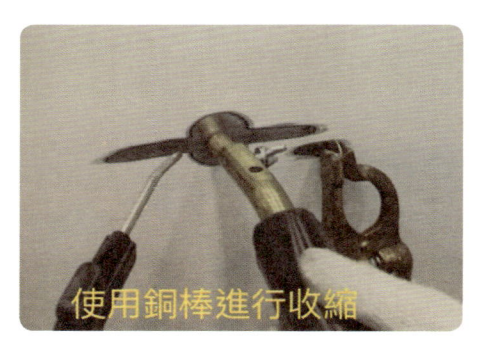

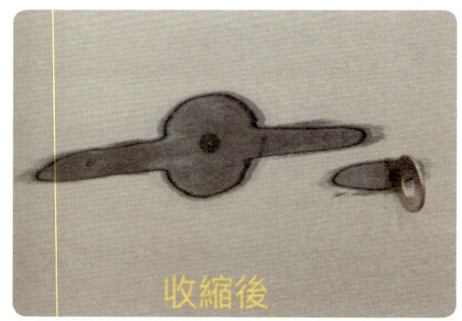

使用銅棒進行收縮

收縮後

Step 15 使用碳棒進行維修	作法	目的與注意事項
	將碳棒安裝至墊圈熔植機握把然後執行點收縮	要確認是否已經維持住張力,且維修表面是否平順及是否稍微低於未受損表面 / 在目標區域將極頭與多點接觸

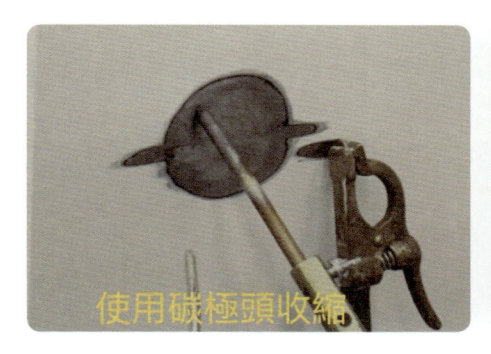

使用碳極頭收縮

Step 16 連續收縮	作法	目的與注意事項
	將碳棒安裝至墊圈熔植機握把然後以螺旋形式執行收縮	1. 要確認是否已經維持住張力且維修表面是否平順及是否稍微低於未受損表面 2. 為了平順控制要稍微地傾斜極頭尖端並輕輕地接觸鋼板 3. 為了在中心集中收縮要從外面開始並往內作業 4. 為了防止過度收縮要畫一個直徑 20-30Mmm /0.8-1.2in 的螺旋

收縮後

Step 17　磨除痕跡

作法：使用 60-80 號砂紙和單作用式研磨機研磨表面

目的與注意事項：要確認所有熔植痕跡是否已經磨除 / 調整單作用式研磨機的角度來使用砂紙外側 10mm/0.4in 的部位

磨除收縮痕跡

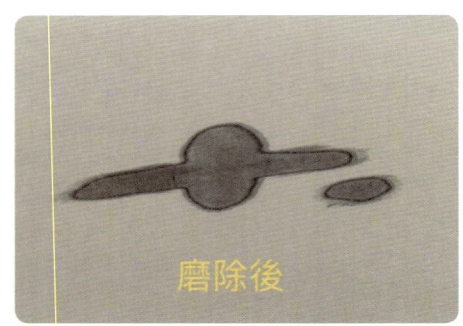

磨除後

Step 18　檢查維修面狀況

作法：檢查表面狀況 / 檢查車身線和鋼板邊緣是否已經恢復 / 要確認已經喪失的張力是否已經恢復 / 檢查配件安裝狀況

目的與注意事項：
1. 要確認是否沒有比未受損面高的點
2. 要確認車身線和鋼板邊緣是否已經恢復至接近於未受損表面的狀況
3. 要確認受損與未受損表面是否有相同的張力
4. 要確認配件是否已被安裝在正確的地方 / 用直尺比較未受損來檢查維修表面
5. 用手壓維修區域和未受損區域來比較他們的張力
6. 要將其與另一側和未受損比較

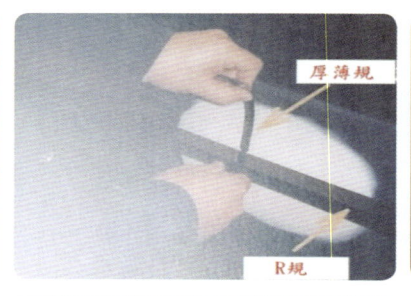

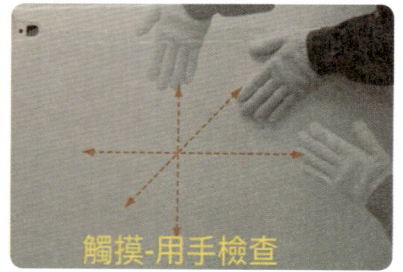

厚薄規

R規

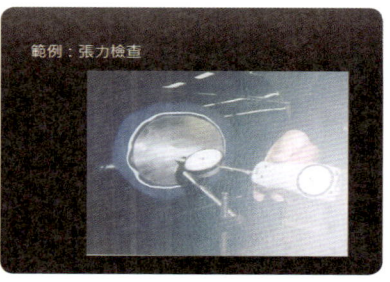

範例：張力檢查

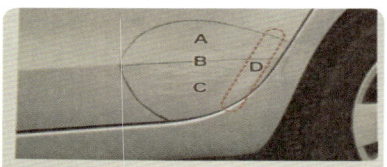

檢查要點
表面外形已經恢復
車身線和鋼板邊緣已經恢復

A：表面外形已恢復
B：車身線和鋼板邊緣已經恢復

觸摸-用手檢查

Step 19	作法	目的與注意事項
防鏽	將防鏽劑噴塗至每片被維修鋼板的背面以避免生鏽持續發展	要確認防鏽劑是否噴塗於所有的銲接痕跡

噴塗防銹劑

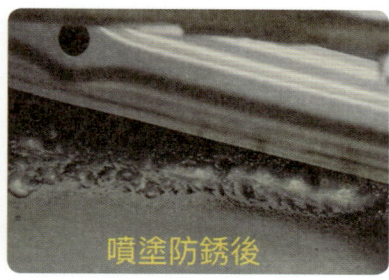

噴塗防銹後

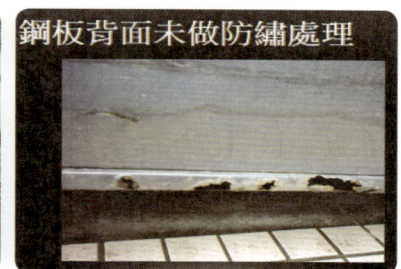

鋼板背面未做防繡處理

13-2 中大損傷八掛台、手術台實作

【鈑金作業流程～下】～ 中大損傷作業

- 20 掌握損傷的形狀
- 21 適當地固定及支撐車身
- 22 夾具
- 23 拉拔作業
- 24 應力消除
- 25 測量尺寸
- 26 組合鋼板和附件來進行檢查
- 27 拆下受損鋼板
- 28 安裝新鋼板
- 29 防鏽／防水處理

防護裝備

護目鏡	防塵口罩	棉手套	防毒面具	耐溶劑手套	人員裝備
可避免粉塵、溶劑、等異物傷及眼睛	保護你的呼吸系統不受到在銲接和研磨期間所產生之灰塵的傷害	保護手部免於受板件銳角或銲接飛濺的傷害	避免器官吸入有機溶劑	防止有機溶劑與皮膚接觸和進入身體	預防身體健康危害

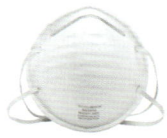

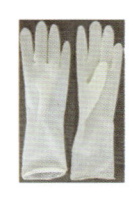

安全鞋	銲接手套	皮手套	護腳皮套	銲接護身皮套	工作服 工作帽
保護腳趾不要被砸 	保護手部免於受板件銳角或銲接飛濺的傷害 	保護手部免於受板件銳角或銲接飛濺的傷害 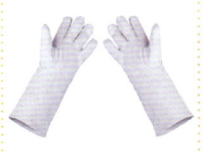	在銲接期間保護你的腳不受銲接噴濺的傷害 	在銲接期間保護你的身體不受銲接噴濺的傷害 	預防身體健康危害 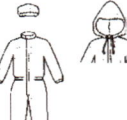

子彈型耳塞	頭戴式耳罩	防 UV 眼鏡	護臉面罩	銲接面罩	護目鏡
保護你的耳朵不受敲擊聲音和在工作期間所產生之噪音的傷害 	保護你的耳朵不受敲擊聲音和在工作期間所產生之噪音的傷害 	保護你的眼睛不受到研磨粉塵火花和有機溶劑傷害 	保護眼睛和臉不受到研磨粉塵和火花的傷害 	保護眼睛和臉不受到強的可見光和紫外線與火花的傷害 	可避免粉塵、溶劑、等異物傷及眼睛 

必要項目

單作用式研磨機 	雙作用式研磨機 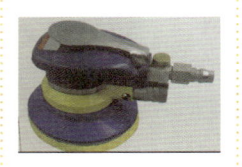	軌道式研磨機 	其他種類研磨機 	手模板 

砂紙 	各式榔頭 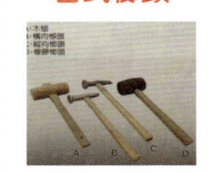	手頂鐵 	挫刀式手頂鐵 	勺匙 

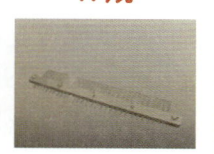

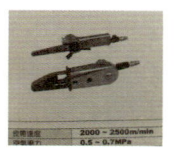

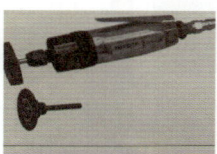

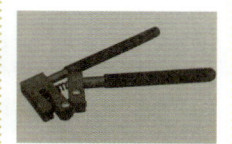

鎖定鏈拉拔架	手動滑鎚	R 規	皮帶式砂輪機	圓盤式研磨機
碳粉、導引漆	防鏽劑	墊圈熔植機	集塵機	補土用具
噴槍	滾輪式研磨機	氣動鑽	打孔器	鑿子
CO_2 銲接機	大型點銲機	固定夾	銲接防鏽劑	車身防鏽劑

Step 20 掌握損傷的形狀	作法	目的與注意事項
	目視檢查損傷延伸的範圍並參考詢問事故發生狀況獲得資訊	檢查鋼板之間的間隙、偏差、高低差和段差以及開啟關閉的問題 / 關於鋼板之間的間隙偏差高低差和段差或開啟與關閉若有異常則我們可以預測損傷已延伸至結構零件的廣大範圍

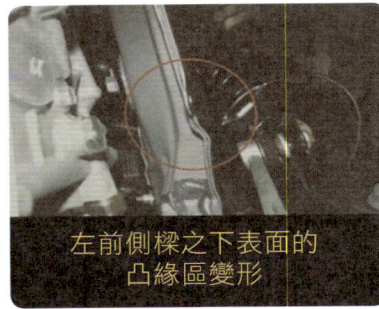

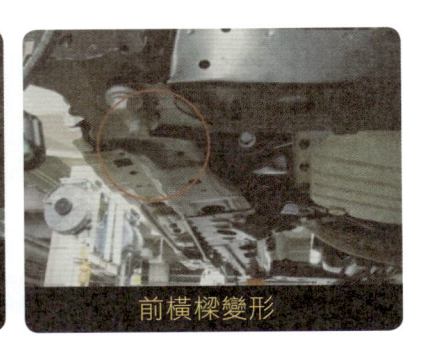

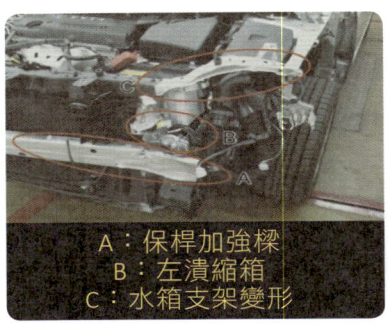

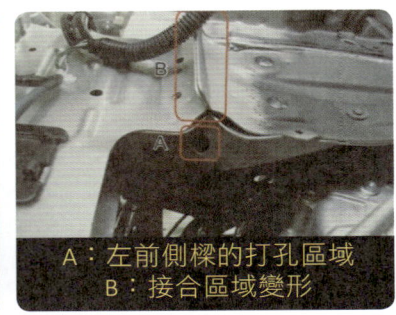

左前側樑之下表面的凸緣區變形

前橫樑變形

A：保桿加強樑
B：左潰縮箱
C：水箱支架變形

A：左前側樑的打孔區域
B：接合區域變形

Step 21 適當地固定及支撐車身	作法	目的與注意事項
	在四個位置(前、後、左、右)用專用夾具固定車門檻板下側之凸線部位	為了有效率執行車身校正，要適當地將車身固定及支撐定位 / 使用千斤頂等來是當地支撐未受損的區域，以便使他們不會降低

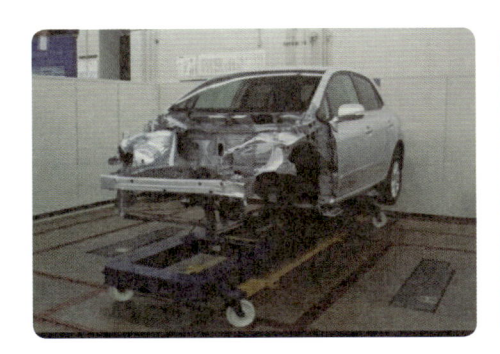

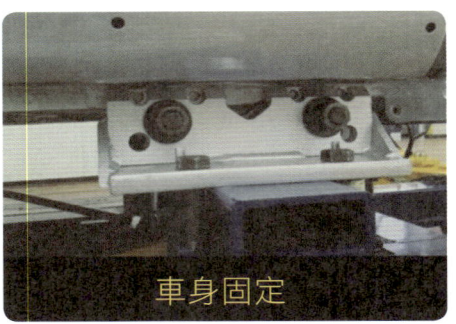

車身固定

Chapter 13　鈑金之設施實作　155

Step 22　夾具

作法

夾具是用來夾住一側上之鋼板的工具且被分為兩種形式底盤夾具和車身夾具

目的與注意事項

底盤夾具被用來將車身固定至修正機上/車身夾具被用在拉拔作業，並依據（被安裝區域）（負荷）（拉拔方向）等條件來選擇

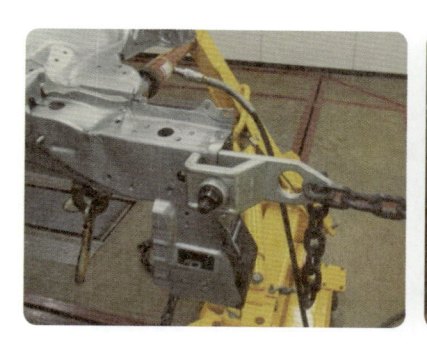

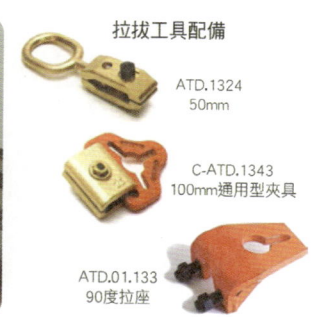

拉拔工具配備

ATD.1324
50mm

C-ATD.1343
100mm通用型夾具

ATD.01.133
90度拉座

Step 23　拉拔作業

作法

藉由拉拔加一個相反於撞擊侵入之力方向的力完成部分車身校正之拉拔作業的基本概念

目的與注意事項

要將簡單摺疊和彎曲變成直線，就要拉皺褶側的表面並同時從延展側增加推力/拉拔作業是以同時從多方向進行拉拔為基礎

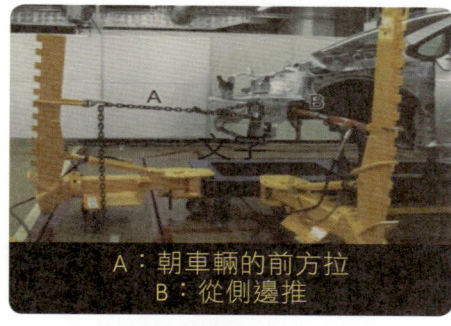

A：朝車輛的前方拉
B：從側邊推

Step 24	作法	目的與注意事項
應力消除	敲擊 * 因彎曲而凸起的區域 * 因彎曲而延展的鋼板區域 * 鋼板上的銲接區域 * 車身線	用敲擊將殘留應力去除 / 藉由拉拔進行維修，殘留應力會留在受損零件上

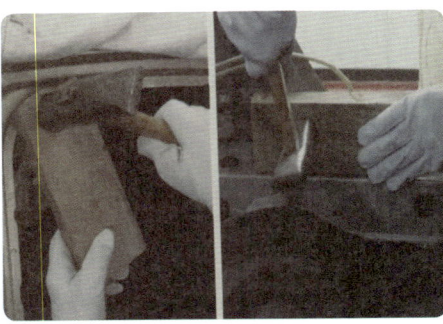

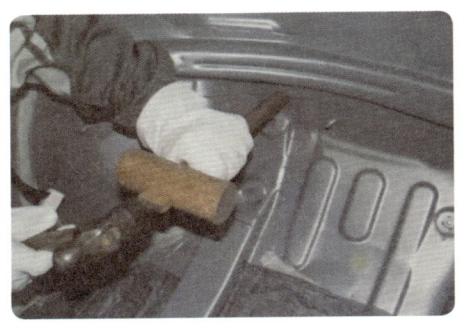

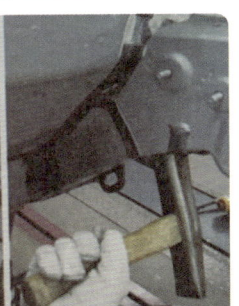

敲擊彎曲區域

Chapter 13　鈑金之設施實作

Step 25 測量尺寸	作法	目的與注意事項
	使用規零尺進行校正（規零調整）車身量規	用來測量各車身部位的尺寸／當移動標準側的指針時，要執行校正

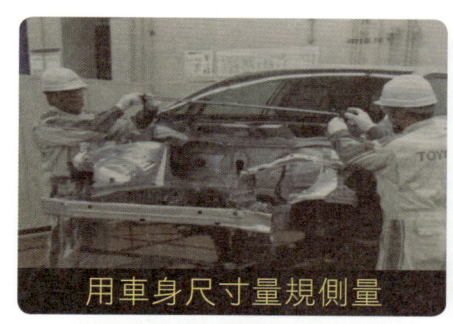

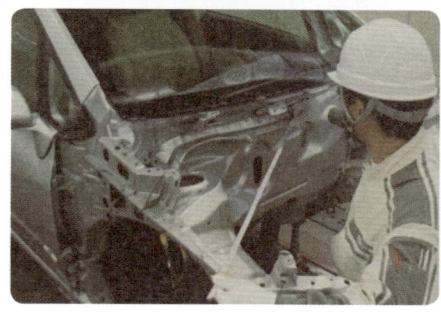

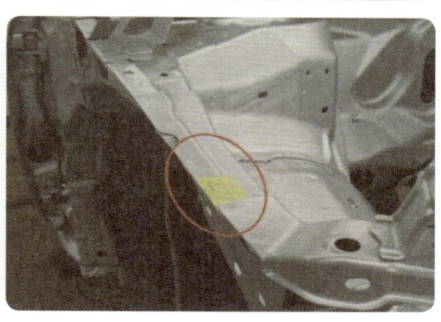

用車身尺寸量規側量

Step 26 組合鋼板和附件來進行檢查	作法	目的與注意事項
	組合鋼板和附件，然後檢查安裝狀態	檢查各鋼板和附件的間隙、偏差、高低差和斷差是否在調整範圍內／要小心不要對鋼板或附件造成二次損傷

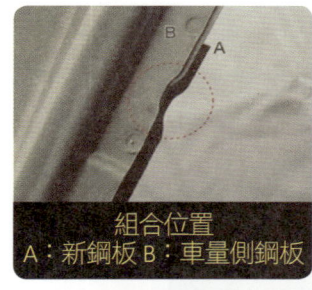

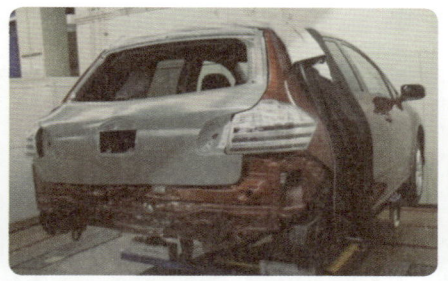

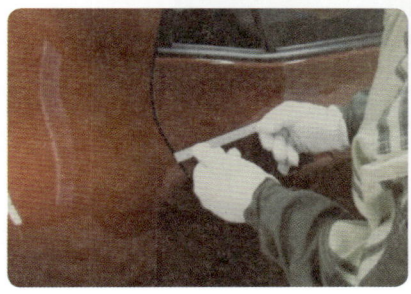

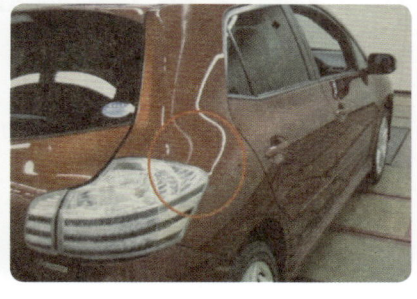

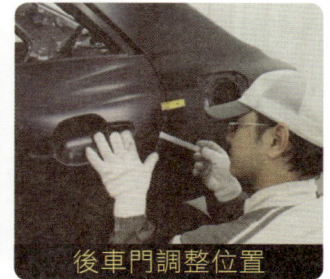

組合位置
A：新鋼板　B：車量側鋼板

後車門調整位置

Step 27 拆下受損鋼板	作法	目的與注意事項
	拆卸銲接接合的區域	拆卸銲接區域／鋼板銲點未完全切除時被強力拆下，則留下的鋼板可能變形

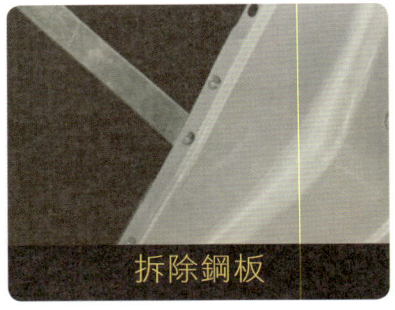

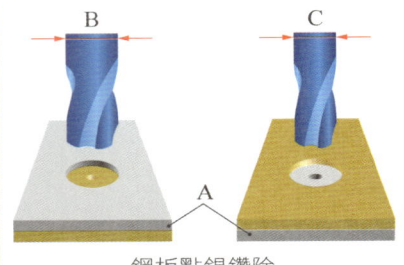

拆除後

拆除鋼板

鋼板點銲鑽除

Step 28 安裝新鋼板	作法	目的與注意事項
	組合＊暫時銲接＊組合鋼板和附件來進行檢查＊接合＊銲接後尺寸檢查＊研磨銲接區域	組合決定新鋼板定位／當組合新鋼板或附件時，要用暫時銲接適當地固定鋼板，以便可以拆下可能會妨礙作業的夾具

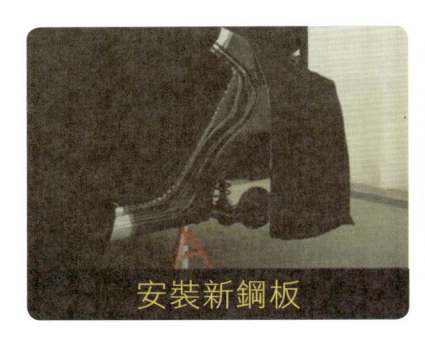

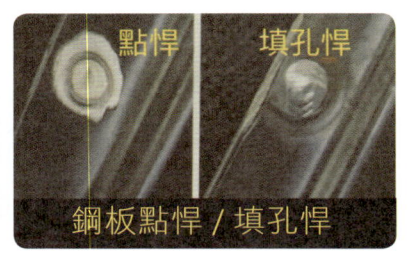

安裝新鋼板

鋼板 CO_2 對頭銲接

點銲　填孔銲

鋼板點銲／填孔銲

Step 29 防鏽、防水處理

作法：黏貼隔音墊＊噴塗底中塗漆＊塗抹車身密封膠

目的與注意事項：防水、防鏽和隔音處理／檢查鋼板母材是否沒有裸露

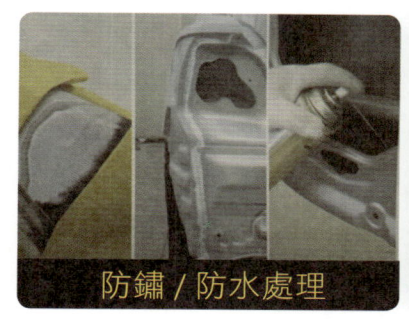

防鏽／防水處理 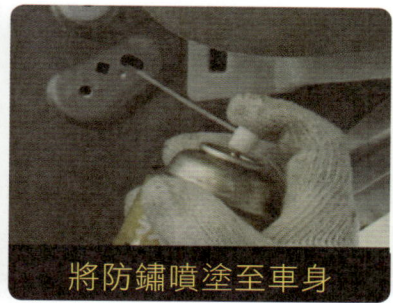　　將防鏽噴塗至車身 　　噴塗底漆

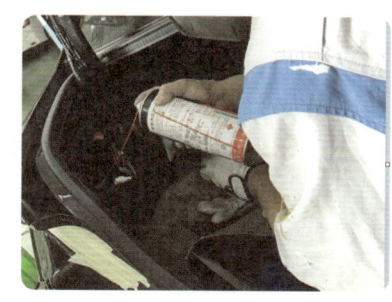

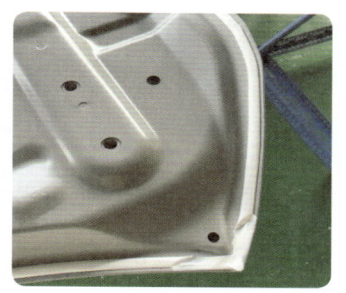

本章後語

完美的鈑金須掌握四要素：
1. 車身尺寸～是車輛結構的根本也是安全的基礎。
2. 間隙～鋼板與鋼板間、鋼板與配件間的間隙，除影響防水、風切聲外也關係到美觀。
3. 外觀平整度～是美觀，是外在維修品質的呈現。
4. 防水～車輛在外風吹日曬雨淋，防水是完工檢查必要重點項目。

Chapter 13 學後評量

一、選擇題

_____ 1. 下列何者為收縮作業的目的？
    (A) 為增加鋼板張力　　　　　　(B) 為降低鋼板張力
    (C) 為使鋼板延伸　　　　　　　(D) 為使鋼板表面平順

_____ 2. 進行混合補土時，主要的安全配備有哪些？
    (A) 安全鞋、防塵口罩、耐溶劑手套、安全眼鏡、帽子和工作服
    (B) 安全鞋、防煙霧口罩、耐溶劑手套、安全眼鏡、帽子和工作服
    (C) 安全鞋、防煙霧口罩、棉手套、安全眼鏡、帽子和工作服
    (D) 耳塞、防塵口罩、耐溶劑手套、安全眼鏡、帽子和工作服

_____ 3. 進行補土時，不需要配戴的安全裝備為何？
    (A) 熔接專用面罩　　(B) 耐溶劑手套　　(C) 安全眼鏡　　(D) 口罩

_____ 4. 進行 CO_2-MIG 銲接時，哪種光線會傷害眼睛？
    (A) 輻射線　　　(B) 紫外線　　(C) 紅外線　　(D) 藍光

_____ 5. 進行氣動鑽鑽孔時，需要穿戴哪種手套？
    (A) 耐溶劑手套　　(B) 皮手套　　(C) 棉製手套　　(D) 不需要

_____ 6. 以下何者與墊圈熔植方法使用上是相同的原理？
    (A) 加工硬化　　(B) 虛敲　　(C) 點收縮　　(D) 實敲

_____ 7. 修車中，為何要使用防火布來覆蓋車身玻璃？
    (A) 防止火花噴濺保護玻璃　　　(B) 隔離電磁波
    (C) 遮護車輛內部　　　　　　　(D) 擋住銲接產生的煙塵

_____ 8. 為什麼在鋼板面進行補土前必須塗抹底漆？
    (A) 可改善鋼板外觀　　　　　　(B) 清潔和脫脂鋼板的表面
    (C) 可使鋼板表面平順　　　　　(D) 可防鏽和增加附著力

_____ 9. 在鋼板接合部位塗抹車身密封膠目的是？
    (A) 降低共振　　　　　　　　　(B) 加強鋼板附著力
    (C) 覆蓋銲接部位　　　　　　　(D) 預防灰塵和水滲入

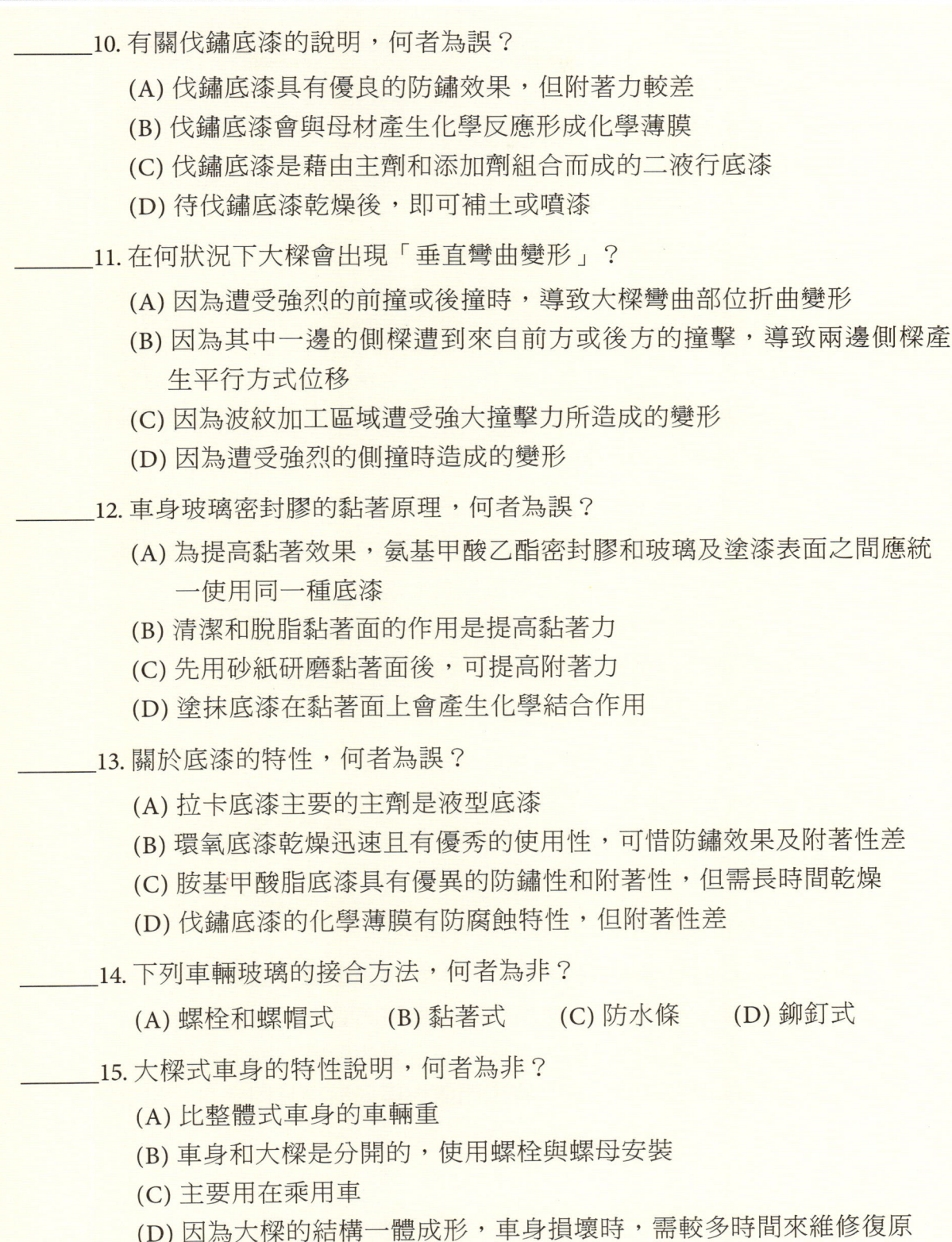

Chapter 13 學後評量

_____10. 有關伐鏽底漆的說明,何者為誤?
　　(A) 伐鏽底漆具有優良的防鏽效果,但附著力較差
　　(B) 伐鏽底漆會與母材產生化學反應形成化學薄膜
　　(C) 伐鏽底漆是藉由主劑和添加劑組合而成的二液行底漆
　　(D) 待伐鏽底漆乾燥後,即可補土或噴漆

_____11. 在何狀況下大樑會出現「垂直彎曲變形」?
　　(A) 因為遭受強烈的前撞或後撞時,導致大樑彎曲部位折曲變形
　　(B) 因為其中一邊的側樑遭到來自前方或後方的撞擊,導致兩邊側樑產生平行方式位移
　　(C) 因為波紋加工區域遭受強大撞擊力所造成的變形
　　(D) 因為遭受強烈的側撞時造成的變形

_____12. 車身玻璃密封膠的黏著原理,何者為誤?
　　(A) 為提高黏著效果,氨基甲酸乙酯密封膠和玻璃及塗漆表面之間應統一使用同一種底漆
　　(B) 清潔和脫脂黏著面的作用是提高黏著力
　　(C) 先用砂紙研磨黏著面後,可提高附著力
　　(D) 塗抹底漆在黏著面上會產生化學結合作用

_____13. 關於底漆的特性,何者為誤?
　　(A) 拉卡底漆主要的主劑是液型底漆
　　(B) 環氧底漆乾燥迅速且有優秀的使用性,可惜防鏽效果及附著性差
　　(C) 胺基甲酸脂底漆具有優異的防鏽性和附著性,但需長時間乾燥
　　(D) 伐鏽底漆的化學薄膜有防腐蝕特性,但附著性差

_____14. 下列車輛玻璃的接合方法,何者為非?
　　(A) 螺栓和螺帽式　　(B) 黏著式　　(C) 防水條　　(D) 鉚釘式

_____15. 大樑式車身的特性說明,何者為非?
　　(A) 比整體式車身的車輛重
　　(B) 車身和大樑是分開的,使用螺栓與螺母安裝
　　(C) 主要用在乘用車
　　(D) 因為大樑的結構一體成形,車身損壞時,需較多時間來維修復原

Chapter 13 學後評量

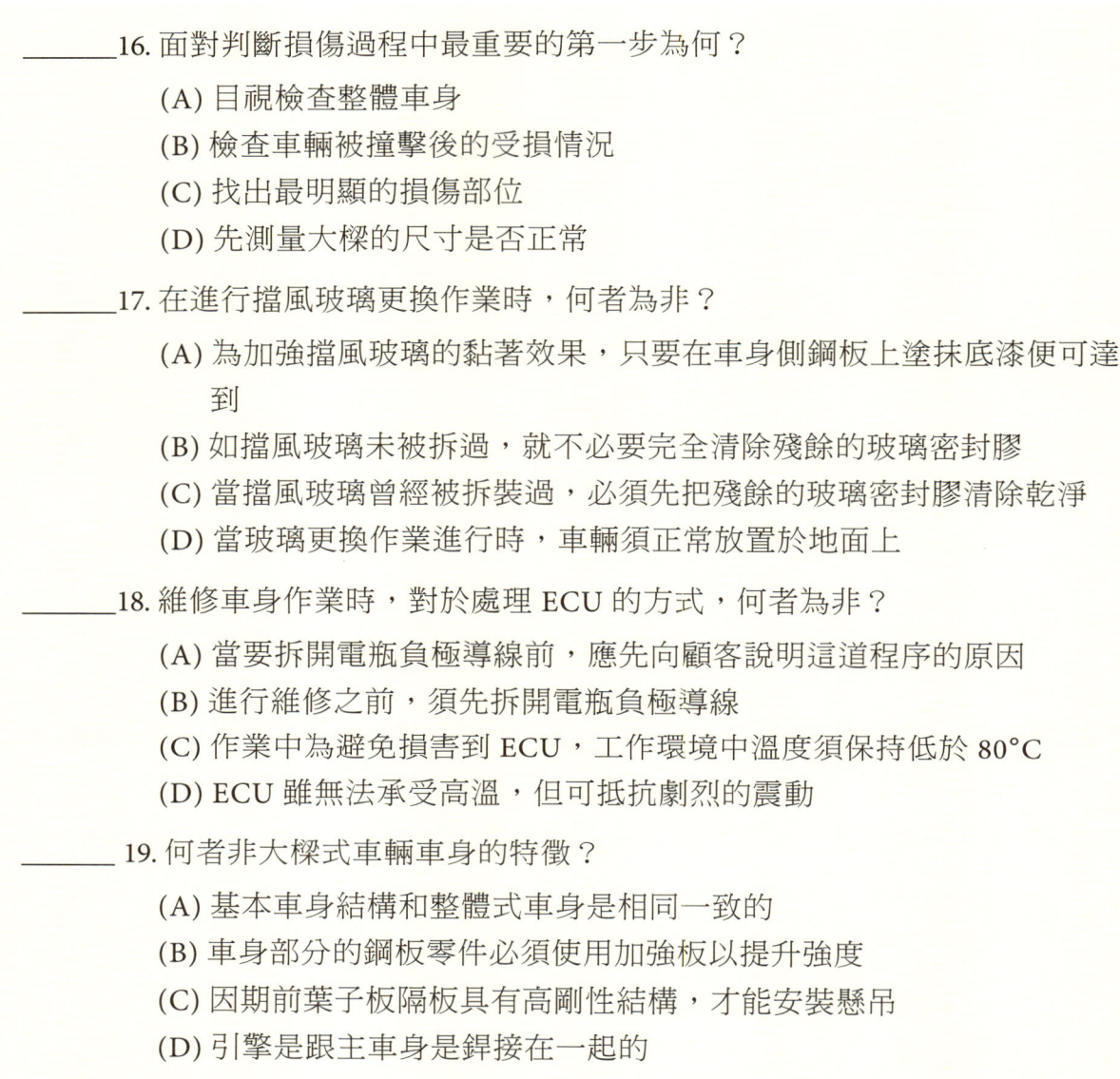

_____16. 面對判斷損傷過程中最重要的第一步為何？
　　(A) 目視檢查整體車身
　　(B) 檢查車輛被撞擊後的受損情況
　　(C) 找出最明顯的損傷部位
　　(D) 先測量大樑的尺寸是否正常

_____17. 在進行擋風玻璃更換作業時，何者為非？
　　(A) 為加強擋風玻璃的黏著效果，只要在車身側鋼板上塗抹底漆便可達到
　　(B) 如擋風玻璃未被拆過，就不必要完全清除殘餘的玻璃密封膠
　　(C) 當擋風玻璃曾經被拆裝過，必須先把殘餘的玻璃密封膠清除乾淨
　　(D) 當玻璃更換作業進行時，車輛須正常放置於地面上

_____18. 維修車身作業時，對於處理 ECU 的方式，何者為非？
　　(A) 當要拆開電瓶負極導線前，應先向顧客說明這道程序的原因
　　(B) 進行維修之前，須先拆開電瓶負極導線
　　(C) 作業中為避免損害到 ECU，工作環境中溫度須保持低於 80°C
　　(D) ECU 雖無法承受高溫，但可抵抗劇烈的震動

_____19. 何者非大樑式車輛車身的特徵？
　　(A) 基本車身結構和整體式車身是相同一致的
　　(B) 車身部分的鋼板零件必須使用加強板以提升強度
　　(C) 因期前葉子板隔板具有高剛性結構，才能安裝懸吊
　　(D) 引擎是跟主車身是銲接在一起的

_____20. 關於大樑和車身的校正作業，何者為誤？
　　(A) 在校正仍連接車身的大樑時，一定要鎖緊車身固定螺栓
　　(B) 僅需校正大樑時，可使用特殊夾具和底盤夾具來固定大樑
　　(C) 在校正仍連接大樑的車身時，一定要放鬆車身固定螺栓
　　(D) 僅需校正車身時，必須將車門檻板與底盤夾具固定在一起

Chapter 14

塗裝之作業淺談

14-1　塗裝概述

14-2　噴塗作業流程

14-1 塗裝概述

塗裝俗稱噴漆～猶如人體美妝。汽車外表的美觀，往往決定車輛的價值與使用者品味。如何將受損車回復為原來新車面貌，可謂之為汽車美容師。

一、塗裝的定義

塗料一般是液體狀態，它被噴塗在車體上，等溶劑揮發後形成塗膜便可保護車身及展現其外觀。

二、塗裝的目的

塗裝是為了保護車體，使其產生價值觀或辨別等作用。

1. 保護效果：汽車車體主要材質大部分是鋼板，如果與空氣中的氧氣和水氣結合就會氧化而導致鏽的產生，因此塗裝便是最佳隔絕方式，所以塗裝是保護車體最大的目的。
2. 美觀效果：車身鋼板的角度很多，有直角、平面、弧角等，如果將其表層施以顏色，就會展現出立體及色彩美感。
3. 價值效果：兩部同款式的轎車會因為塗裝色彩的差異，使其價值觀也不同。
4. 辨別效果：如公司 LOGO、救護車、巡邏車、計程車等…。

噴塗作業流程～依現行作業區域，分 2 大區塊【下地處理】【噴塗】做說明：

14-2 噴塗作業流程

【噴塗作業流程～上】～ 下地處理

- 01 洗車、去脂處理
- 02 檢視漆面平整度
- 03 舊漆剝除、磨羽狀邊
- 04 車身粉塵清潔
- 05 噴塗環氧底漆
- 06 粗補土
- 07 研磨
- 08 車身粉塵清潔
- 09 修飾補土﹝細﹞補土
- 10 研磨
- 11 車身粉塵清潔
- 12 防塗
- 13 車身粉塵清潔
- 14 攪拌、噴塗二度底漆
- 15 噴槍清洗
- 16 乾燥、研磨
- 17 車身清潔

Step 01	作法	目的與注意事項
洗車、去脂處理	洗車、清除表面汙垢與去脂處理	確認損傷狀況也方便維修作業

Step 02	作法	目的與注意事項
檢視漆面平整度	檢視漆面平整度	車身凹陷及傷痕 / 用細砂紙做記號

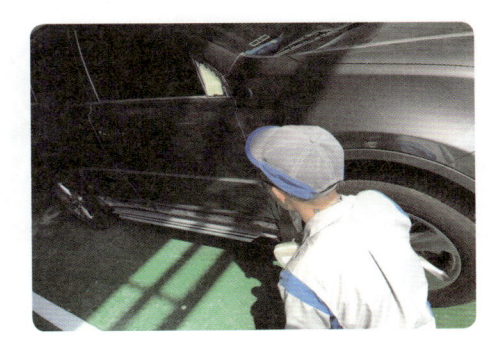

Step 03	作法	目的與注意事項
舊漆剝除、磨羽狀邊	研磨漸層平順	防止斷差吸陷

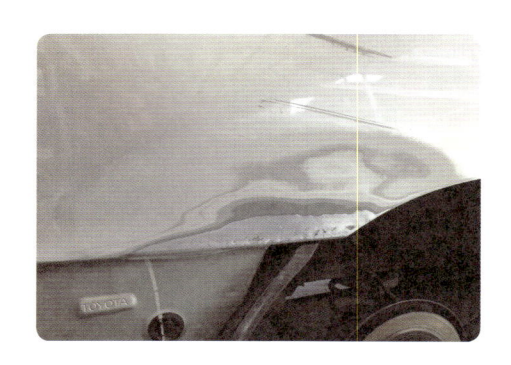

Step 04	作法	目的與注意事項
車身粉塵清潔	防止油脂	表面粉塵及汙物覆著

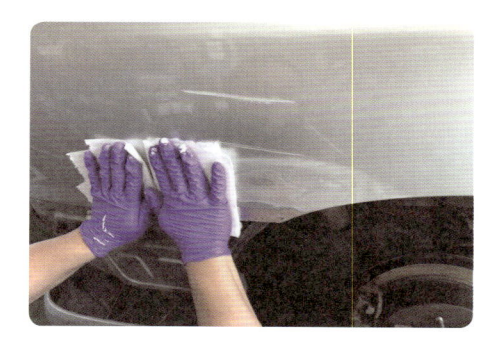

Step 05	作法	目的與注意事項
噴塗環氧底漆	防止生鏽氧化	噴塗厚度不可太厚，約 7-12μm

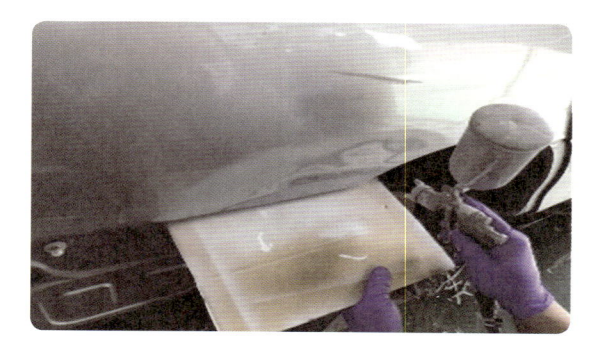

Step 06 粗補土	作法	目的與注意事項
	填補凹陷	填補平整 / 回復原來形狀

Step 07 研磨	作法	目的與注意事項
	研磨平整	凸出物研磨平順

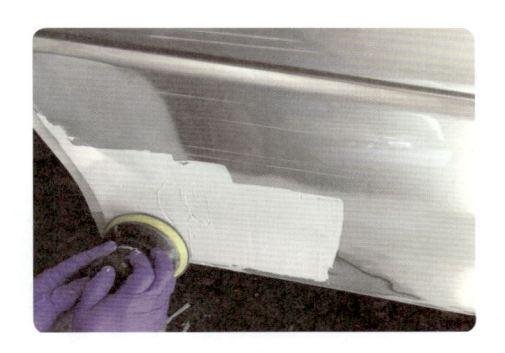

Step 08 車身粉塵清潔	作法	目的與注意事項
	車身清潔	空氣槍吹除粉塵防止針孔有粉塵

Step 09 修飾補土（細）補土	作法	目的與注意事項
	填補粗微砂紙痕	防止補土針孔

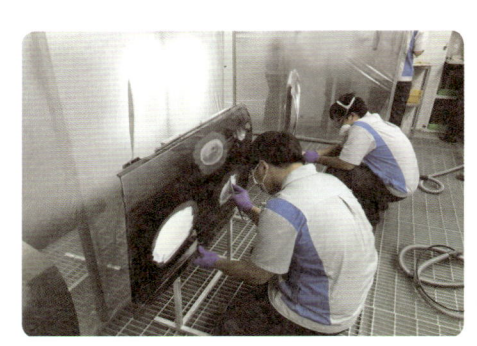

Step 10 研磨	作法	目的與注意事項
	研磨平整	防止砂紙痕

Step 11 車身粉塵清潔	作法	目的與注意事項
	車身清潔	空氣槍吹除粉塵去除油脂

Step 12 防塗	作法	目的與注意事項
	未研磨地方防塗	防止塗料附著需反貼以防斷差

Step 13 車身粉塵清潔	作法	目的與注意事項
	車身清潔	空氣槍吹除粉塵清除油脂

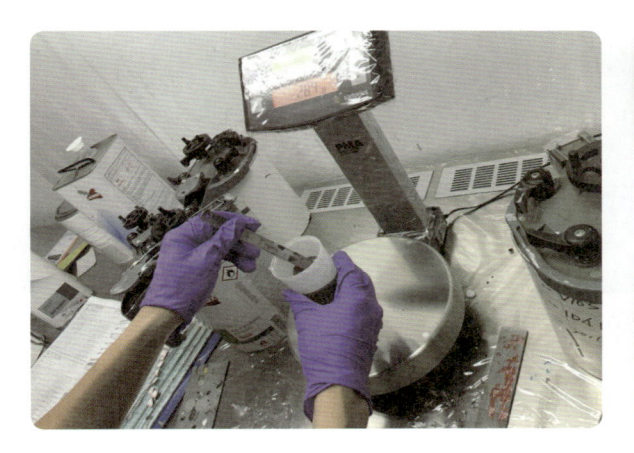

Step 14 攪拌、噴塗二度底漆	作法	目的與注意事項
	密封表層	填補 / 膜厚度 / 砂紙痕

| Step 15 噴槍清洗 | 作法 清潔及保養 | 目的與注意事項 防止噴槍通路阻塞，影響噴塗作業 |

| Step 16 乾燥、研磨 | 作法 表面區域研磨 | 目的與注意事項 表面研磨是否亮點／是否平整／針孔 |

| Step 17 車身清潔 | 作法 車身清潔 | 目的與注意事項 空氣槍吹除粉塵去油脂 |

Chapter 14　塗裝之作業淺談　　171

【噴塗作業流程～下】～ 噴塗

- 18 調色
- 19 防塗
- 20 清潔
- 21 噴塗色漆
- 22 上金油
- 23 表面拋光
- 24 洗車
- 25 品檢

Step 18
調色

作法	目的與注意事項
計量調色	塗料調至與車身顏色相同

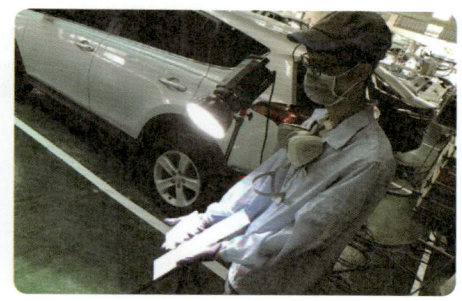

Step 19
防塗

作法	目的與注意事項
車身防塗	防止未噴塗地方噴到面漆

Step 20	作法	目的與注意事項
清潔	表面清潔	去除油脂、粉塵

Step 21	作法	目的與注意事項
噴塗色漆	噴塗面漆	距離／重疊／角度／速度

Step 22	作法	目的與注意事項
上金油	噴塗金油	噴塗與車身相同紋路

Chapter 14　塗裝之作業淺談

Step 23 表面拋光	作法	目的與注意事項
	表面粒物 / 金油紋路	去除粒物 / 修整金油紋路

Step 24 洗車	作法	目的與注意事項
	清洗外表	吸塵內部 / 外表清潔 / 擦拭輪胎油

Step 25 品檢	作法	目的與注意事項
	檢查維修完工品質	檢視表面是否缺陷 / 亮度 / 金油紋路

本章後語

　　塗裝後的亮度、色澤、平整度，是維修品質給顧客的第一眼呈現。切記：每一作業步驟都是下一作業的基礎，前一作業若不確實或疏忽，最終成品缺失必定會呈現出來。所以品質～是建立在每一作業流程的累積。

Chapter 14 學後評量

一、選擇題

_____ 1. 拋光時應注意事項，何者為非？

    (A) 在拋光深色系時，需使用較細的拋光劑
    (B) 在邊緣和沖壓線的範圍內容易被過度拋光，需貼上防塗膠帶保護
    (C) 將塑膠和橡膠零件實施防塗
    (D) 在較小區域進行拋光時，可使用拋光墊邊緣直接進行拋光

_____ 2. 在哪種亮度下最適合進行比色？

    (A) 1000-3000lux   (B) 200-500lux   (C) 500-800lux   (D) 3000-4000lux

_____ 3. 待強制乾燥後，開始拋光的時機，何者有誤？

    (A) 強制乾燥後，相隔 12 小時甚至更久
    (B) 強制乾燥後，等車表溫度降至室溫時
    (C) 強制乾燥後，相隔 24 小時
    (D) 強制乾燥後，就可馬上拋光

_____ 4. 對於近紅外線式乾燥設備的說明，何者為誤？

    (A) 較不容易產生針孔
    (B) 溫度隨乾燥物體的顏色產生變化
    (C) 能源運用效率低
    (D) 溫度上升快

_____ 5. 關於上塗前研磨的作用何者有誤？

    (A) 加強塗料的附著力
    (B) 是為了使被塗面更加的平順
    (C) 可以消除被塗面上的塗膜缺陷
    (D) 塗料本身如有極佳的附著力，就不需要這道手續

_____ 6. 何種砂紙最適合用來去除面漆上的粒物？

    (A) 100-240 號砂紙   (B) 600-800 號砂紙
    (C) 200-300 號砂紙   (D) 1000-2000 號砂紙

_____ 7. 有關噴塗底中塗漆的主要作用，何者為誤？

    (A) 加強塗層間的附著力   (B) 為預防鋼板生鏽
    (C) 提升抗刮性   (D) 預防烤漆塗膜的吸陷

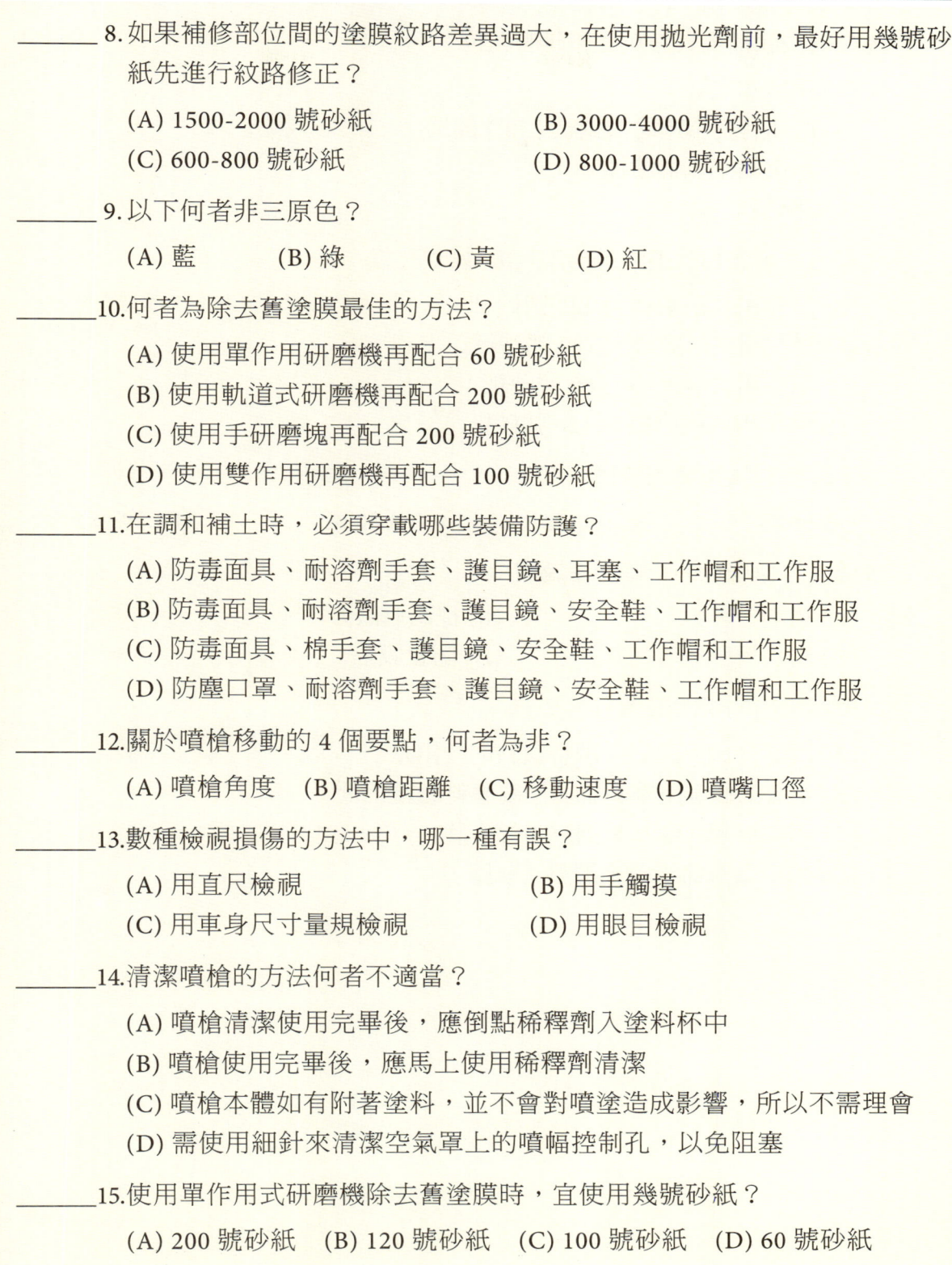

Chapter 14 學後評量

_____ 8.如果補修部位間的塗膜紋路差異過大,在使用拋光劑前,最好用幾號砂紙先進行紋路修正?
  (A) 1500-2000 號砂紙 (B) 3000-4000 號砂紙
  (C) 600-800 號砂紙 (D) 800-1000 號砂紙

_____ 9.以下何者非三原色?
  (A) 藍 (B) 綠 (C) 黃 (D) 紅

_____ 10.何者為除去舊塗膜最佳的方法?
  (A) 使用單作用研磨機再配合 60 號砂紙
  (B) 使用軌道式研磨機再配合 200 號砂紙
  (C) 使用手研磨塊再配合 200 號砂紙
  (D) 使用雙作用研磨機再配合 100 號砂紙

_____ 11.在調和補土時,必須穿載哪些裝備防護?
  (A) 防毒面具、耐溶劑手套、護目鏡、耳塞、工作帽和工作服
  (B) 防毒面具、耐溶劑手套、護目鏡、安全鞋、工作帽和工作服
  (C) 防毒面具、棉手套、護目鏡、安全鞋、工作帽和工作服
  (D) 防塵口罩、耐溶劑手套、護目鏡、安全鞋、工作帽和工作服

_____ 12.關於噴槍移動的 4 個要點,何者為非?
  (A) 噴槍角度 (B) 噴槍距離 (C) 移動速度 (D) 噴嘴口徑

_____ 13.數種檢視損傷的方法中,哪一種有誤?
  (A) 用直尺檢視 (B) 用手觸摸
  (C) 用車身尺寸量規檢視 (D) 用眼目檢視

_____ 14.清潔噴槍的方法何者不適當?
  (A) 噴槍清潔使用完畢後,應倒點稀釋劑入塗料杯中
  (B) 噴槍使用完畢後,應馬上使用稀釋劑清潔
  (C) 噴槍本體如有附著塗料,並不會對噴塗造成影響,所以不需理會
  (D) 需使用細針來清潔空氣罩上的噴幅控制孔,以免阻塞

_____ 15.使用單作用式研磨機除去舊塗膜時,宜使用幾號砂紙?
  (A) 200 號砂紙 (B) 120 號砂紙 (C) 100 號砂紙 (D) 60 號砂紙

Chapter 14 學後評量

_____16. 如何去除補土表面灰塵和研磨顆粒？
  (A) 用膠布去除
  (B) 用沾有脫脂劑的擦拭紙 (布) 擦拭
  (C) 用壓縮空氣器噴掉
  (D) 用酒精清除

_____17. 何者是製作羽狀邊時最佳工具與砂紙？
  (A) 雙作用式研磨機與 120 號砂紙
  (B) 雙作用式研磨機與 180 號砂紙
  (C) 單作用式研磨機與 60 號砂紙
  (D) 單作用式研磨機與 120 號砂紙

_____18. 下列何者為建議的噴槍角度？
  (A) 90 度   (B) 100 度   (C) 80 度   (D) 20 度

_____19. 噴塗相似底色的正確作用為何？
  (A) 增加附著力   (B) 提高遮蔽力
  (C) 容易暈色   (D) 防止吸陷

_____20. 關於噴槍的說明何者有誤？
  (A) 用漆量調節螺絲來調整塗料的吐出量
  (B) 空氣罩的洞用來調整並控制塗料的霧化量
  (C) 用噴幅調節螺絲來調整噴幅形狀
  (D) 用空氣調節螺絲來調整空氣壓力

Chapter 15

塗裝之設施與實作

15-1 下地處理實作

15-2 噴塗作業流程實作

本章節是延續第 14 章的理論概述，在本章節以個別流程圖文說明。若校內無適當設備，建議：連同【第 13 章 鈑金之設施與實作】以校外參訪方式，到專業工廠實際參觀、了解、對照。就能對鈑金與塗裝的作業流程、作業狀況有較完整概念。這對日後與顧客的解說或工作間的安排協調，應能順利符合實際現況。

15-1 下地處理實作

防護裝備

護目鏡	防塵口罩	棉手套	防毒面具	耐溶劑手套
可避免粉塵、溶劑、等異物傷及眼睛 	避免吸入粉塵、溶劑、漆霧等 	防止刮傷、滑落 	防止吸入有機氣體 	防止金屬處理劑或溶劑清潔劑時為保護手，防止溶劑滲透皮膚 

安全鞋	人員裝備	工作服工作帽		
預防腳趾部位保護雙腳 	預防身體健康危害 	預防身體健康危害 		

必要項目

單作用式研磨機 	雙作用式研磨機 	軌道式研磨機 	其他種類研磨機 	攪拌棒 

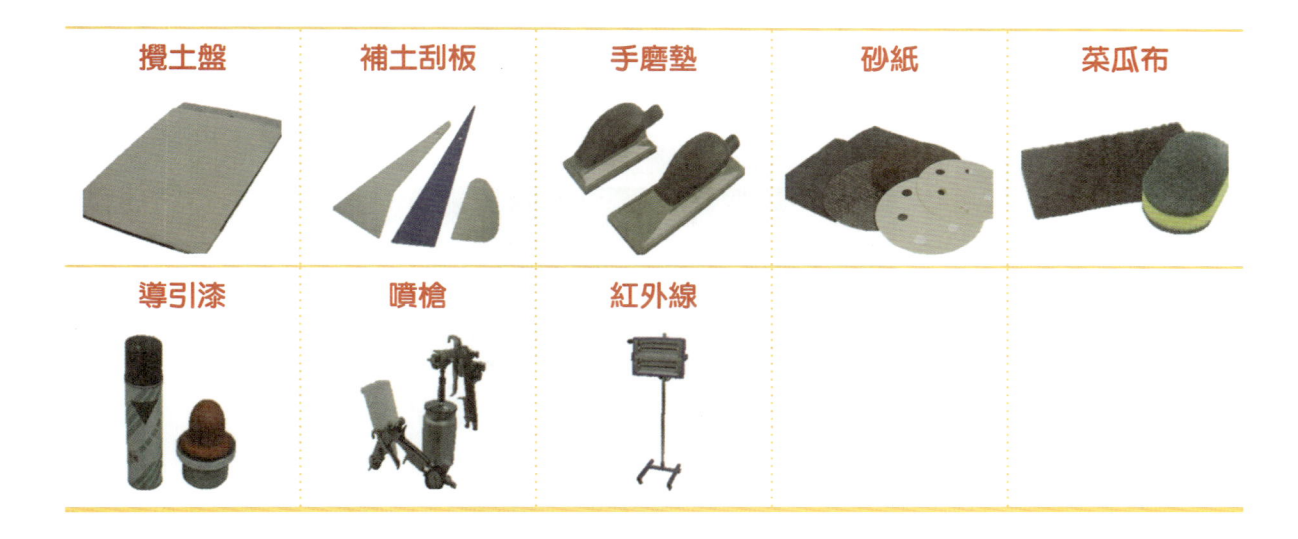

攪土盤	補土刮板	手磨墊	砂紙	菜瓜布
導引漆	噴槍	紅外線		

15-2 噴塗作業流程實作

【噴塗作業流程～上】～下地處理實作

01 洗車、去脂處理
02 檢視漆面平整度
03 舊漆剝除、磨羽狀邊
04 車身粉塵清潔
05 噴塗環氧底漆
06 粗補土
07 研磨
08 車身粉塵清潔
09 修飾補土（細）補土
10 研磨
11 車身粉塵清潔
12 防塗
13 車身粉塵清潔
14 攪拌、噴塗二度底漆
15 噴槍清洗
16 乾燥、研磨
17 車身清潔

Step 01	作法	目的與注意事項
洗車、去脂處理	洗車、清除表面汙垢與去脂處理	確認損傷狀況也方便維修作業

| Step 02 檢視漆面平整度 | 作法 檢視漆面平整度 | 目的與注意事項 車身凹陷及傷痕／用細砂紙做記號 |

| Step 03 舊漆剝除、磨羽狀邊 | 作法 研磨漸層平順 | 目的與注意事項 防止斷差吸陷 |

| Step 04 車身粉塵清潔 | 作法 防止油脂 | 目的與注意事項 表面粉塵及汙物覆著 |

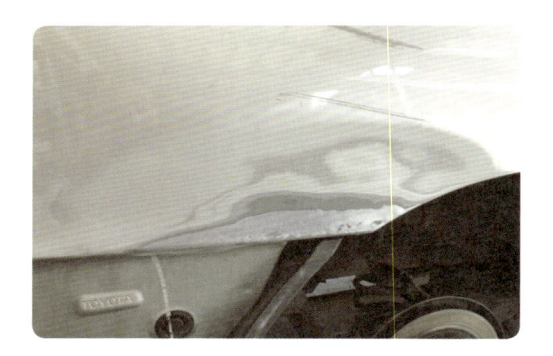

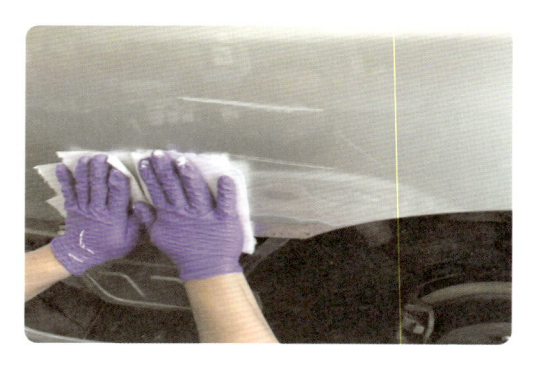

Step 05 噴塗環氧底漆	作法	目的與注意事項
	防止生鏽氧化	噴塗厚度不可太厚，約 7-12 μm

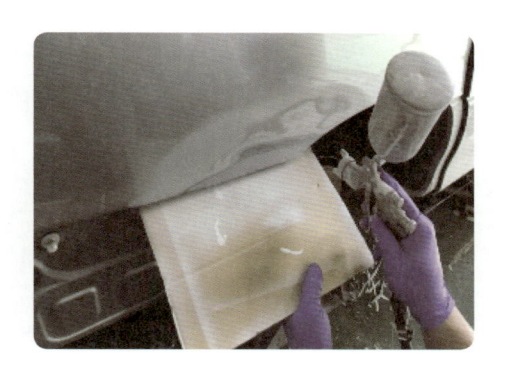

Step 06 粗補土	作法	目的與注意事項
	填補凹陷	填補平整 / 回復原來形狀

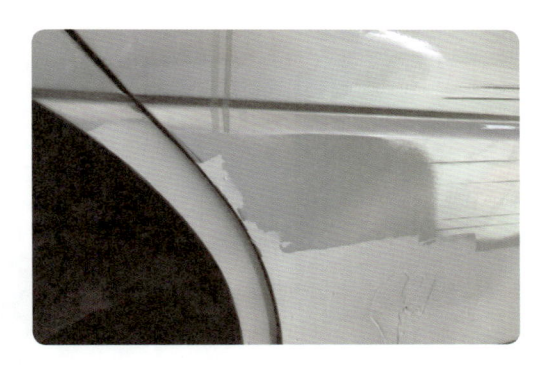

Step 07 研磨	作法	目的與注意事項
	研磨平整	凸出物研磨平順

Step 08	作法	目的與注意事項
車身粉塵清潔	車身清潔	空氣槍吹除粉塵防止針孔有粉塵

Step 09	作法	目的與注意事項
修飾補土（細）補土	填補粗微砂紙痕	防止補土針孔

Step 10	作法	目的與注意事項
研磨	研磨平整	防止砂紙痕

Step 11	作法	目的與注意事項
車身粉塵清潔	車身清潔	空氣槍吹除粉塵去除油脂

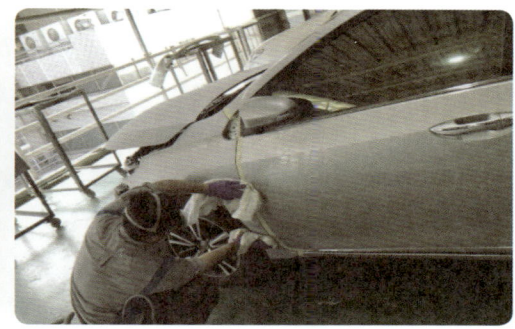

Step 12	作法	目的與注意事項
防塗	未研磨地方防塗	防止塗料附著需反貼以防斷差

Step 13	作法	目的與注意事項
車身粉塵清潔	車身清潔	空氣槍吹除粉塵清除油脂

| Step 14 攪拌、噴塗二度底漆 | 作法 密封表層 | 目的與注意事項 填補 / 膜厚度 / 砂紙痕 |

| Step 15 噴槍清洗 | 作法 清潔及保養 | 目的與注意事項 防止噴槍阻塞，影響再噴塗作業 |

| Step 16 乾燥、研磨 | 作法 表面區域研磨 | 目的與注意事項 表面研磨是否亮點 / 是否平整 / 針孔 |

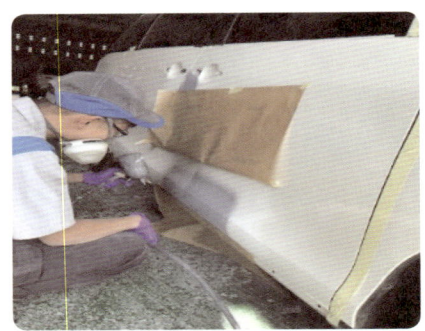

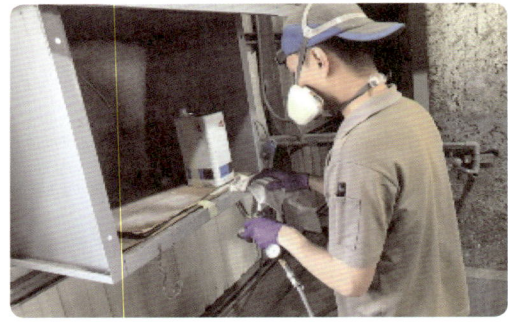

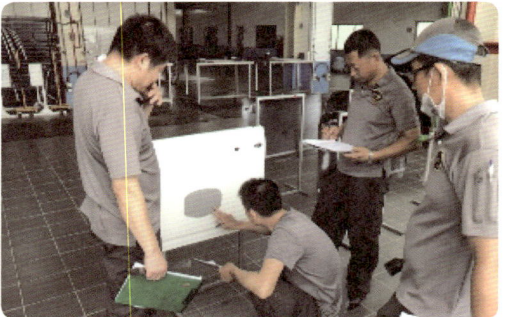

Chapter 15　塗裝之設施與實作

Step 17	作法	目的與注意事項
車身清潔	車身清潔	空氣槍吹除粉塵去油脂

【噴塗作業流程～下】～ 噴塗作業流程實作

- 18 調色
- 19 防塗
- 20 清潔
- 21 噴塗色漆
- 22 上金油
- 23 表面拋光
- 24 洗車
- 25 品檢

噴塗工具設備

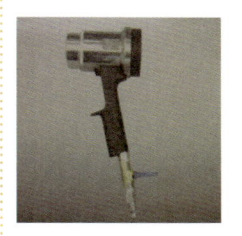

噴槍	空氣壓力表	空氣壓力調整器	黏布	容器
攪棒架	電子秤	攪拌棒	塗料過濾杯	風槍

| 空氣槍 | 黏度杯 | 脫脂劑 |

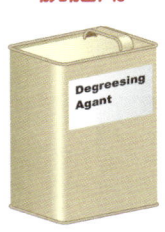

調色工具與設備

| 容器 | 攪拌棒 | 攪伴器 | 電子秤 | 比例尺 |

| 攪半架 | 顏色調合比例表 | 色卡（顏色導引） | 噴槍 | 塗料過濾杯 |

| 試噴卡 | 烤箱 | 風槍 | 太陽燈 | 耐溶劑手套 |

| 護目鏡 | 供氣式防毒面具 |  過濾式防毒面具 | 安全鞋 |

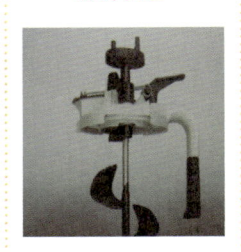

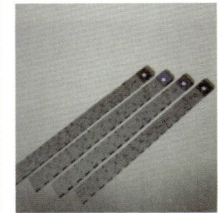

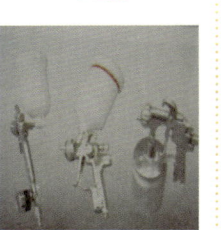

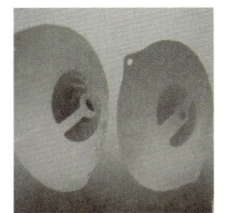

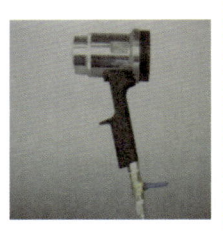

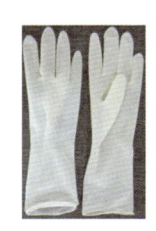

Step 18	作法	目的與注意事項
調色	計量調色	塗料調至與車身顏色相同

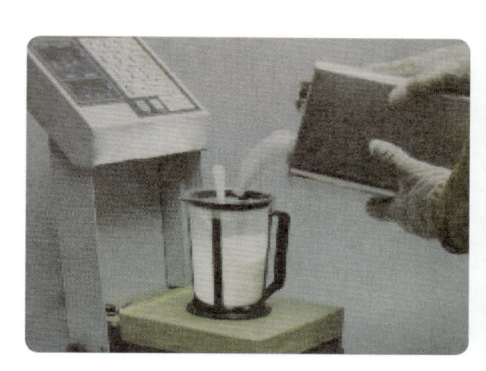

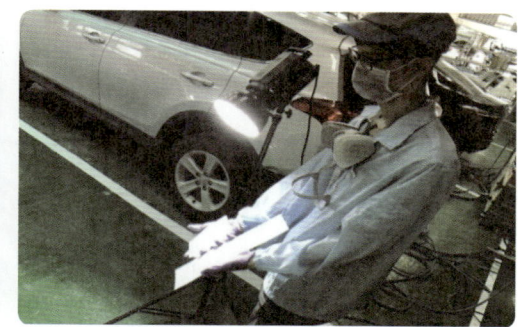

Step 19	作法	目的與注意事項
防塗	車身防塗	防止未噴塗地方噴到面漆

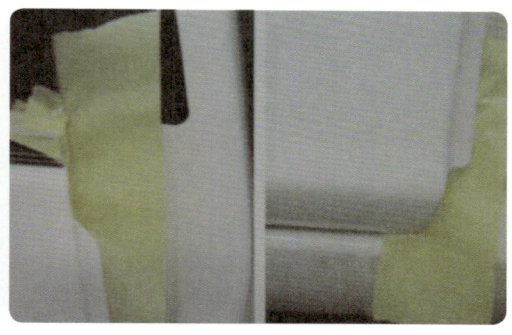

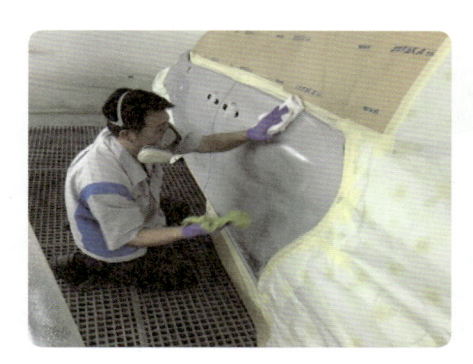

Step 20	作法	目的與注意事項
清潔	表面清潔	除粉塵去油脂

| Step 21 噴塗色漆 | 作法 噴塗面漆 | 目的與注意事項 距離 / 重疊 / 角度 / 速度 |

| Step 22 上金油 | 作法 噴塗金油 | 目的與注意事項 噴塗與車身相同紋路 |

| Step 23 表面拋光 | 作法 表面粒物 / 金油紋路 | 目的與注意事項 去除粒物 / 修整金油紋路 |

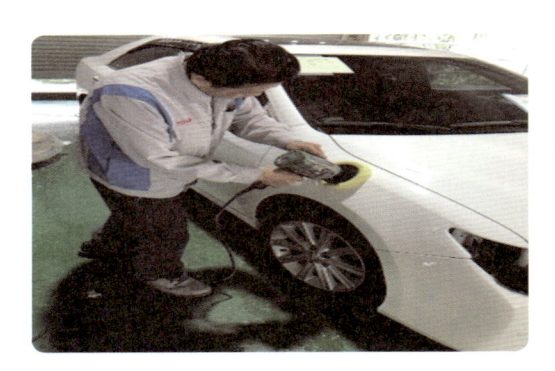

Chapter 15　塗裝之設施與實作　189

Step 24	作法	目的與注意事項
洗車	清洗外表	吸塵內部 / 外表清潔 / 擦拭輪胎油

Step 25	作法	目的與注意事項
品檢	檢查維修完工品質	檢視表面是否缺陷 / 亮度 / 金油紋路

常見缺失彙整

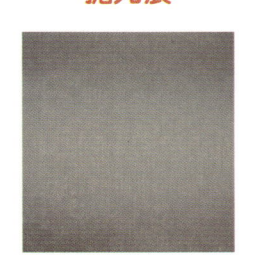

針孔	低光澤	拋光痕	砂紙痕

| 不良遮蔽力 | 拋光不充分 | 過度拋光 | 中斷線 |

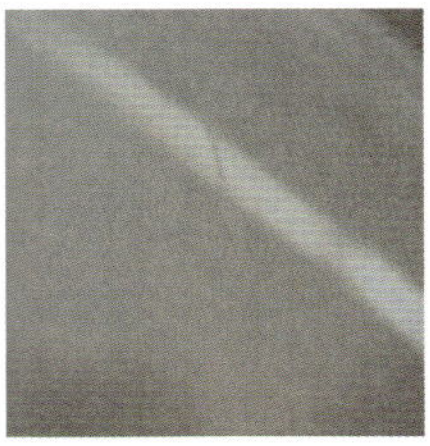

防塗作業缺失

| 車門外水切 | 塗膜段差 | 溶劑滲透 | 接觸痕跡 |

| 防塗膠帶痕跡 | 玻璃飾條變形 | 粒物 | 邊緣塗膜剝落 |

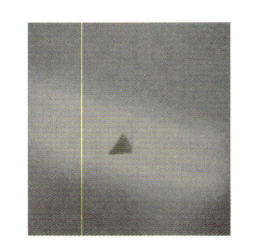

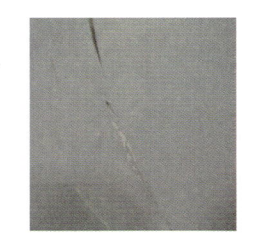

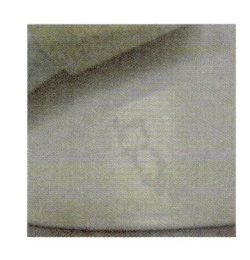

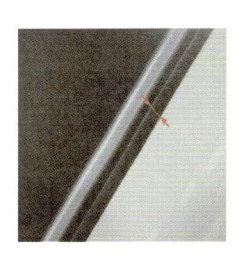

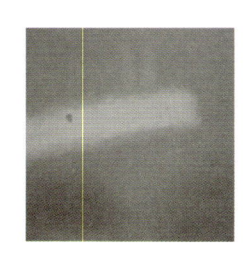

本章後語

完美的塗裝須掌握三要素：

1. **色澤**：無色差要亮麗，各廠家車輛顏色甚多，雖然都有基本色料比例配方，但因陽光曝曬與個人噴塗手法差異，都需再經由技師反覆比對微調整，才能避免色差。這需有相當的色彩敏銳度與調色能力才能勝任，因此調色能力可說是專業噴塗人員的一大考驗。
2. **平整度**：汽車外觀因考量風阻車型風格、美觀⋯表面各車都有不同的弧度與角度。如何將損傷凹陷部位藉由補土填補至原來的弧度，需有相當的眼力與觸感去感受平整度，這也是專業噴塗人員的考驗之一。
3. **漆面色澤平整度持久性**：汽車常須經風吹日曬雨淋，使用狀況嚴苛。如何常保如新？除了使用者的保養打蠟外，塗裝過程的工法、步驟是否確實？材質優劣⋯在在會影響到漆面的亮度與持久性。

Chapter 15 學後評量

一、選擇題

_____ 1. 以下何者為不飽和聚脂補土的主劑？

　　(A) 樹脂　　(B) 漂白劑　　(C) 研磨劑　　(D) 氧化劑

_____ 2. 當利用紅外線乾燥燈來加速乾燥時，何者溫度較適當？

　　(A) 100℃　　(B) 130℃　　(C) 90℃　　(D) 50℃

_____ 3. 在彎曲的版面上實施補土時，何者為誤？

　　(A) 在彎曲部位塗上較厚的補土

　　(B) 利用橡膠刮板作業

　　(C) 塗抹所需的量即可

　　(D) 先塗一層薄薄的補土，改善附著力

_____ 4. 操作手磨墊板研磨補土時，最有效的方式為？

　　(A) 輕輕的操作，並有節奏的研磨

　　(B) 用力壓，並快速的研磨

　　(C) 用 80 號砂紙來研磨舊漆

　　(D) 一邊研磨，一邊使用壓縮空氣吹

_____ 5. R 規的作用，何者為誤？

　　(A) 可在凹面、凸面及複合面上執行

　　(B) 防止補土的不足或過多

　　(C) 可使恢復至未受損時表面狀態

　　(D) 可進行精確性的檢查

_____ 6. 在鋼板面實施補土時，先塗抹底漆的目的為？

　　(A) 改善外觀　　　　　　(B) 防鏽及增加附著力

　　(C) 清潔及脫脂　　　　　(D) 使表面平順

_____ 7. 以下何者非不飽和聚脂補土的特性？

　　(A) 二液型

　　(B) 將補土加熱 (50℃) 乾燥速度較快

　　(C) 先進行薄塗可增加附著力

　　(D) 補土層薄區比厚區更快乾燥

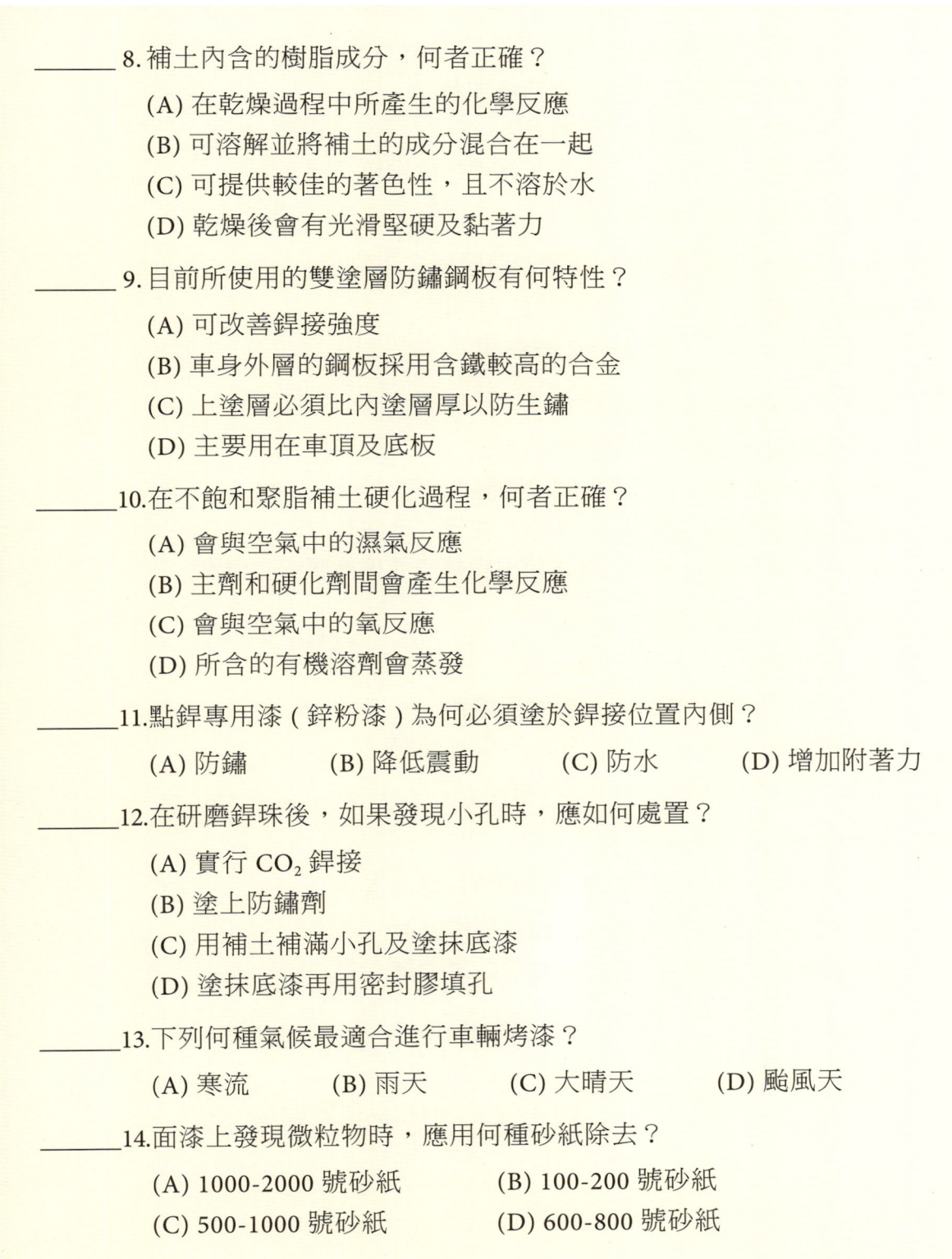

Chapter 15 學後評量

_____ 8. 補土內含的樹脂成分，何者正確？
  (A) 在乾燥過程中所產生的化學反應
  (B) 可溶解並將補土的成分混合在一起
  (C) 可提供較佳的著色性，且不溶於水
  (D) 乾燥後會有光滑堅硬及黏著力

_____ 9. 目前所使用的雙塗層防鏽鋼板有何特性？
  (A) 可改善銲接強度
  (B) 車身外層的鋼板採用含鐵較高的合金
  (C) 上塗層必須比內塗層厚以防生鏽
  (D) 主要用在車頂及底板

_____ 10. 在不飽和聚脂補土硬化過程，何者正確？
  (A) 會與空氣中的濕氣反應
  (B) 主劑和硬化劑間會產生化學反應
  (C) 會與空氣中的氧反應
  (D) 所含的有機溶劑會蒸發

_____ 11. 點銲專用漆（鋅粉漆）為何必須塗於銲接位置內側？
  (A) 防鏽   (B) 降低震動   (C) 防水   (D) 增加附著力

_____ 12. 在研磨銲珠後，如果發現小孔時，應如何處置？
  (A) 實行 CO_2 銲接
  (B) 塗上防鏽劑
  (C) 用補土補滿小孔及塗抹底漆
  (D) 塗抹底漆再用密封膠填孔

_____ 13. 下列何種氣候最適合進行車輛烤漆？
  (A) 寒流   (B) 雨天   (C) 大晴天   (D) 颱風天

_____ 14. 面漆上發現微粒物時，應用何種砂紙除去？
  (A) 1000-2000 號砂紙   (B) 100-200 號砂紙
  (C) 500-1000 號砂紙   (D) 600-800 號砂紙

_____15.操作暈色部位的拋光,何者為非?

(A) 遇塗膜較硬時,可先使用烤燈加熱
(B) 使用拋光墊的邊緣進行拋光
(C) 由修補部位以單一方向往未修補部位操作
(D) 操作暈光部位的邊緣即可

_____16.噴面漆時,等待每道溶劑揮發的時間稱之為?

(A) 等待時間　　(B) 自然乾燥時間
(C) 閒置時間　　(D) 乾燥時間

_____17.在塗裝前表面的清潔和脫脂,以下何者作法較不適當?

(A) 用比噴塗時更低的壓力來噴表面
(B) 操作時應特別注意鋼板間的間隙
(C) 當清潔與脫脂進行時,烤漆房要進入準備動作
(D) 作業員所著的服裝,需先使用壓縮空氣槍徹底噴吹清潔

_____18.下列塗裝的敘述,何者有誤?

(A) 塗料杯的塗料大約佔 70% 滿
(B) 在添加塗料至噴槍時,要使用濾杯
(C) 待杯內的塗料完全用完後,再添加塗料
(D) 在塗料倒入噴槍前,先要攪拌均勻

_____19.何者是正確防塗膠帶使用方式?

(A) 在區面上作業時,稍微放鬆膠帶拉撐力道
(B) 在曲面上作業時,需加強膠帶拉撐力道
(C) 在平面上作業時,需加強膠帶拉撐力道
(D) 以上皆對

_____20.下列何者為三原色?

(A) 黃　　(B) 藍　　(C) 紅　　(D) 以上皆是

Chapter 16

零件管理

16-1　庫房管理

16-2　進出貨管理

零件庫存與管理，猶如人體的營養補給系統，有零件供應才有營運效率與顧客滿意度可言。

有關零件管理細項指標甚多，是屬零件專業人員分析、檢討、改善範疇。本章節，僅以庫房管理與進出貨管理作觀念概述。

16-1 庫房管理

準則：零件庫房管理需掌握三要素：1- 安全存放、2- 進出貨效率 3- 儲存空間效率。

一、零件室空間規劃

依廠規模規劃庫存量，再依所需零件置放架類別，劃分區域走道動線…等等。

二、零件架尺寸分類

依零件物品包裝形狀、大小，製作大中小零件架。

三、零件架上零件存放盒分類

依零件實物大小形狀製作大中小零件盒，以便存放。

四、零件存放原則

依零件實物大小形狀製作大中小零件盒,以便存放。

1. 一物一料號一庫位:這是零件管理基本原則,車型眾多,零件只說料號不說零件名稱以避免錯誤。(零件號碼編列各廠家不同,不另贅述)
2. 物以類聚:讓空間能有效運用,依體積、形狀相近的同類物品,集中同一區位以便快速拿取。
3. 常銷零件要靠近櫃檯:依流動性考量,將高銷零件靠近櫃檯以減少走動時間。(如定期保養零件)
4. 目視高度、易於拿取:勿放過高要目可視高度,以便目視辨識方便取用提升效率。
5. 重物低放:符合人體工學也確保作業安全。
6. 立式放置垂直擺放:取放容易空間運用效率佳。
7. 異常管理:異常零件(如需退貨零件…),另外獨立存放,以便提醒,也避免和正常零件混淆。

立式放置

立式放置

異常件置放架

限高線

16-2 進出貨管理

進出貨～是零件部門的頻繁作業，需掌握以下原則：

1. 設定基本庫存量：依廠營運規模大小、零件再供應時間快慢，預估每日進廠量，設定廠基本庫存量。惟須隨進出貨供需狀況、季節性不同或特殊狀況調整之，以避免庫存不足或過剩。
2. 銷一補一：這是進出貨基本原則。需每日結算，銷出一個即需再補進一個，以確保維持在基本庫存量。
3. 先進先出：避免零件久放功能衰減。如油料類、輪胎橡膠類…等等。
4. 進出檢查：避免責任歸屬爭議，進貨需檢查或拆裝錄影存證；出貨則需當場確認點交物品與數量以避免爭議，尤其是玻璃類、燈殼類。
5. 定期盤點：零件物品多且繁雜，需定期每月或每季定期盤點，以便及早發掘問題即時改善，這是零件部門運作良窳的重要指標。

本章後語

　　零件庫存即是營運成本～庫存過量：會產生積壓資金、空間不足、呆料損失、增加人力、影響進出貨效率…，使營運成本墊高影響獲利；庫存不足：則無法滿足顧客需求，又影響維修效率，而顧客滿意度又連帶影響後續車輛再進廠意願。所以兩者之間如何取得平衡點，是公司獲利的重要工作指標之一，所以一般公司會將其設為另一獨立部門，如此與維修服務部門有互助，也有避免不當庫存或不當運用的牽制微妙關係。

Chapter 16 學後評量

一、選擇題

_____ 1. 零件室處於何種狀況下可能會有工安發生？

  (A) 在掛勾前方宜設置保護罩
  (B) 電瓶放在貨物架最上層，以方便技師隨時搬動
  (C) 長條型零件需用鏈條固定之
  (D) 以上皆非

_____ 2. 下列何者不屬於零件保證範圍？

  (A) 延長時間保證   (B) 服務廠零件保證
  (C) 產品保證   (D) 櫃檯販賣正廠零件保證

_____ 3. 倉管不當，恐會造成何項負面影響？

  (A) 增加受傷的風險   (B) 造成零件損壞的風險
  (C) 浪費時間搜尋零件   (D) 以上皆是

_____ 4. 以下何者為 4S 的項目？

  (A) 整理、整頓、清掃、清潔
  (B) 整齊、簡單、清查、清潔
  (C) 整理、整潔、清掃、清查
  (D) 以上皆是

_____ 5. 在零件倉儲儲放原則下何者為非？

  (A) 零件上的號碼一朝外，方便核對進出貨
  (B) 供應特別活動而到貨之零件與外販零件需求，量大可暫置放於零件預先準備架上
  (C) 非零件相關之物品，勿散置於零件架上，宜集中存放並擺置整齊
  (D) 零件放置須與零件架齊平，最長不得超出架緣 3 公分

_____ 6. 下列何者不屬於 STOP 6 範圍內？

  (A) 水深危險   (B) 防止觸電   (C) 高處墜落   (D) 遠離熱源

_____ 7. 實品與件號不符，但零件號碼正確稱之？

  (A) 贗品   (B) 瑕疵品   (C) 過期品   (D) 誤品

Chapter 16 學後評量

_____ 8. 以下哪些項目需到貨當場檢查，否則有問題時無法申報誤欠損？

    (A) 燈類　　(B) 玻璃　　(C) 安全氣囊　　(D) 以上皆是

_____ 9. 計算保證期限之起迄，何者敘述錯誤？

    (A) 應用車輛出廠日算起
    (B) 應用用品出售 / 安裝日算起
    (C) 應用櫃台出售零件日算起
    (D) 應用車輛之交車日算起

_____ 10. 作業員對零件儲存原則與方法何者有誤？

    (A) 重物高放　　(B) 易於拿取
    (C) 相同品目集中　　(D) 垂直擺放

_____ 11. 當配送員抵達時零件人員應做何準備？

    (A) 在配送員到達後迅速依規定完成點收的作業
    (B) 立於零件室門口或距離倉庫最近的位置卸貨
    (C) 交通不便的據點，要迅速主動派員引導配送員之進、出廠
    (D) 以上皆是

_____ 12. 零件保管的原則應以何思維為出發點？

    (A) 安全　　(B) 簡潔
    (C) 品目集約　　(D) 依流動性儲放

_____ 13. 以下何者非庫存的定保零件？

    (A) 火星塞　　(B) AC 濾網
    (C) 雨刷　　(D) 避震器

_____ 14. 下列物件何者需立式放置？

    (A) 水箱　　(B) 玻璃外水切
    (C) 傳動軸　　(D) 驅動軸

_____ 15. 何者非倉儲管理改善所能帶來的效益？

    (A) 可創更高的空間利用
    (B) 減少庫存金額
    (C) 提高零件供應效率
    (D) 提升作業安全

Chapter 16 學後評量

_____16.以下何者可降低工作時尋找零件時間及誤欠品發生率？
　　　(A) 依序就位　　　(B) 輕物高放
　　　(C) 依流動性存放　(D) 加強牢固

_____17.依據法規，有害事業廢棄物與一般事業廢棄物應如何處置？
　　　(A) 任意棄置　　　(B) 分開儲存
　　　(C) 一起焚化　　　(D) 可一併儲存

_____18.關於庫存控制與庫存管理的說明，何者為非？
　　　(A) 縮短訂購期限是改善庫存控制的方法
　　　(B) 平準化訂貨是庫存管理重要的一種改善方法
　　　(C) 是在外在環境條件不變之下，控制庫存數量和金額
　　　(D) 是藉由改善外部條件，進而控管庫存的數量和金額

_____19.某些項目須於到貨時當場檢查，否則事後即是有問題無法申請誤欠損？
　　　(A) SRS 氣囊　　　(B) 玻璃
　　　(C) 燈類　　　　　(D) 以上皆是

_____20.保證期限的起迄，何者為非？
　　　(A) 交車後安裝之用品，亦為用品出售 / 安裝日
　　　(B) 零件保證的起算日，為車輛之交車日
　　　(C) 櫃檯販賣之日起，為零件出售日
　　　(D) 交車後安裝之用品，為車輛之交車日

Chapter 17

保證補償與保險種類

17-1　保證補償

17-2　保險種類

【車】是高單價商品。它由成千上萬的零件，經由機器人或人工組裝而成。因是如此所以各廠家都會對其出廠新車給予一定期間的保固(或說是保證或補償)。它保證內容、範圍是如何呢？

另車在路上行，常言：不怕一萬，就怕萬一；為了讓用車人行車有保障能安心，各家保險公司對車輛保險也不斷推陳出新。面對琳瑯滿目的保單條款，它的保障範圍內容是甚麼？該怎麼保才符合需求呢？

本章節依現行新車保證與車輛保險列舉常用條款，供從業新人或用車人了解。

17-1 保證補償

原則：1- 品質問題；2- 時間或里程以先到者為準；3- 消耗品不保)

一、新車保證（品質問題）

1. 基本保證：自交車日起 4 年或 120,000 公里（以先到者為準）。
2. 保證履行之判定方式為：在正常操作下，如有零件因材質或製造不良發生損壞，廠家免費修理（一般所謂之「免費修理」均指以最小零件維修或更換新品、良品，亦得以功能近似之產品替代）。(責任判定如有爭議時須由第三公正單位仲裁之）
3. 漆面不良和生鏽保證：在正常使用下，噴漆的車身鋼板因材質或製造不良發生表面生鏽或漆面不良，其保證期間與基本保證相同。但貨車貨台為一年或 20,000 公里以內（以先到者為準）。
4. 電瓶保證：自交車日起一年或 20,000 公里以內（以先到者為準）。
5. 輪胎保證：自交車日起三年內，輪胎因製造品質不良發生損壞，依損壞時殘餘溝深比例補償。
6. 拖車費用：保證期間內，因保證之零件損壞致車輛無法行駛時，以拖吊到達距離最近汽車保養廠之拖吊費用給付。
7. 廢氣排放系統保證：另行規範。
8. 影音系統雷射讀取頭保證：自交車日起二年或 50,000 公里以內（以先到者為準）。
9. 火星塞保證：自交車日起至保養週期表所列，火星塞第一次須更換之里程或時間（以先到者為準）止。

二、保證外（不保）事項

有下列情形，雖在保證期限內，不受理保證補償（外在因素、非品質問題、消耗品）。

1. 由於操作或保養不當、疏忽、意外、受到天然意外災害、使用非正廠零件、自行改裝或拆卸零件用於其他車輛等狀況所引發或造成之故障。
2. 石塊撞擊或刮傷所引起的漆面生鏽。
3. 環境造成之損壞、鏽蝕、氧化或鑄鐵件生鏽，諸如：水氣、酸雨、空氣中的化學物質、樹之汁液、鹽份、冰雹、暴風雨、雷電、水災等。
4. 未依規範的里程或時間（以先到者為準）及項目實施定期保養。
5. 未使用規範燃油及其他油料或自備油品，而導致或衍生車輛或相關機件故障或損壞。
6. 定期保養之工資不在保證之範圍，諸如：引擎調整、輪胎平衡、前後輪定位、冷卻及燃料系統之清潔、積碳及汙泥之清除、煞車調整、輪胎調位、皮帶調整等。
7. 定期保養所需更換之消耗性零件不在保證之範圍，諸如：皮帶、雨刷片、燈泡、保險絲、煞車來令片、離合器片、濾清器芯子、各種油料…等。
8. 正常之噪音、磨耗、震動、品質變化（如變色、變形、退色、皺折等）。
9. 附帶之費用或損失，如電話費、交通費、時間損失、租車費、旅館費、營業損失等。

三、廢氣排放控制系統特別保證

1. 保證項目

1. 自交車日起 5 年內或行駛 100,000 公里以內（以先到者為準），再追加 20,000 公里，總計 5 年或 120,000 公里（以先到者為準）。
2. 保證期限內廢氣排放控制系統之相關零件或系統，因材質或製造不良發生損壞或導致不符合排放標準時，可免費修理。

2. 保證外事項

1. 自行使用非正廠零件或與原配備不同之零件，導致損壞或不符合排放標準。
2. 自行調整、清潔、修理或更換本系統之零件，導致損壞或不符合排放標準。
3. 使用非本公司規定之汽油、機油、變速箱油、水箱添加劑等，導致損壞或不符合排放標準。
4. 前列所述新車保證之保證外事項內容。

17-2 保險種類

買車容易,但安全保障更重要。汽車險的種類琳瑯滿目繁多複雜,各家產品搭配也不盡相同。本章以較通用的類別彙整說明如下:

汽車保險主要分兩大類:【強制險】法令規定最基本必保的與【任意險】自己可選擇要不要增加的!

一、強制險

強制險是政府規定,無論機車、汽車都必須要投保的。是為了讓交通事故的受害人都有「基本」的保障。無論自己是肇事人或受害人,強制險的理賠金都可以理賠。但是它的保障範圍只有針對「人身」,提供每人死亡或失能(殘廢)200 萬、醫療 20 萬,且理賠的對象〈不包含駕駛本人〉。

二、任意險

1. 第三人責任險

就是用來保障對方車輛、乘客的受損部分。一般都會建議第三人責任險一定要保,可用來彌補強制險的不足之處。

還有一個就是第三人責任保險附加超額責任保險,以及第三人責任險殘廢增額附加條款。第三人責任保險附加超額責任保險是將第三人責任保險的「人身傷害」、「事故總傷害」、「財物損害」合併共用額度。而第三人責任險殘廢增額附加條款,則用來理賠對方因車禍所造成的殘廢費用支付。

註:動輒數百萬、數千萬的名車超跑越來越多,若是不小心碰撞,其賠償維修金額相當驚人;又若是發生車禍,對方騎士或駕駛殘廢,判賠的金額往往比死亡還要高很多,這時理賠保險金額拉高到千萬以上,避免賠償不起的狀況,這才是保險的意義。

2. 車體險

就是俗稱的甲、乙、丙式險。從保障範圍來看 甲 > 乙 > 丙。當然保費價格亦同。

丙式險:只要是車碰車的事故,不管是與汽車、機車甚至腳踏車有碰撞、擦撞、追撞等,【只要有報警】,都會進行理賠。

乙式險：除了丙式險車碰車的事故外，另外像是碰撞、傾覆、閃電、雷擊、火災、爆炸、拋擲物或墜落物，都能獲得理賠。

甲式險：就是除了丙式及乙式所理賠的內容，另外再加上不明原因的損傷，都在甲式理賠的範圍內。

3. 竊盜險

竊盜險，顧名思義，就是當汽機車整車被偷時，會啟動理賠。但是要特別注意：汽、機車零、配件（如輪胎、方向盤、安全氣囊、安全帶…等）或車上物品（如非原廠裝置的行車紀錄器、導航、錢包、證件、手機等）被偷，是不會理賠的！要預防汽車零、配件被偷、導致損失慘重的話，可以加保有保零件失竊的條款即可。

● **身體、車體、財產的保障範圍**

險種 \ 範圍	我方駕駛	我方乘客	我方車輛	對方駕駛	對方乘客	我方財損
強制險		●		●	●	
車體損失險			●			
竊盜險			●			
第三人責任險				●	●	●

本章後語

前述保證事項，各廠家不盡相同。廠家會依其車輛特性個別修訂、如電動車、複合式動力車之特殊電池；另也會隨製造流程的改善或為提升販賣競爭力、或品牌形象，會延長保證期限。（如初期保證期限為 2 年 4 萬公里，延長為 3 年 6 萬公里，再延長為 4 年 8 萬公里。甚至已有廠家已再延長為 5 年 14 萬公里。保險種類的演進亦同，因應極端氣候的劇變，推出了洪水雷擊險、因應超跑名車的增多，推出了超額責任保險…等等因應車體險昂貴的保費，推出了超值的丙式車碰車險…等等讓用車人可依本身狀況，能有更多符合自己需求的選擇。這是消費者的福音，也是汽車市場激烈競爭的寫照。

簡言之：保證規章要用車人：正確操作車輛，定期進原廠保養，就有保固。保險種類要用車人：選擇所需，行車就安心。最好是小心行車，不要用到保險最好。從業人員更要熟悉這專業本職學能，才能給顧客提供好的服務與建議。

事故發生時處理步驟

事故種類

自行撞毀、嚴重車禍或與他車、第三人發生事故
- 車輛不慎翻車禍起火燃燒，造成嚴重損傷
- 嚴重撞擊路樹，電線桿及安全島等公物
- 停放中遭人惡意破壞，或被不明車輛嚴重撞擊
- 與他車碰撞或被撞，至兩造雙方車輛受損
- 遭到車輛撞擊肇事車逃逸
- 行進中不慎撞擊路人，自己受傷或死亡

輕微受損、不明受損
- 停放中被撞致車身輕微受損
- 停放中被不明人士毀損或刮傷
- 駕駛人不慎致車輛輕微受損且為造成第三人體傷或財損

失竊
- 配件被竊
- 整車被竊

事故處理流程

自行撞毀、嚴重車禍或與他車、第三人發生事故
1. 保留現場通知交通隊(110)或當地警方處理，並要求繪製現場圖及筆錄，同時通知保險公司報案專線(專線電話請參閱TIC會員手冊)協助處理。
2. 記下對方車號、車主及駕駛人姓名、聯絡電話以及投保公司，必要時申請肇事鑑定。盡速將傷患送醫，未經保險公司同意，切勿與對方和解。
3. 如對造車輛肇事逃逸，應記下該車牌車號碼、廠牌型式、顏色等，利用保險公司蒐集證據、並至警方「肇事逃逸小組」報案。
4. 請車主在五日內攜帶保險卡(單)、行駕照、印章及交通案件代保管物臨時收據，至汽車服務廠填寫理賠申請書辦理出險事宜。

輕微受損、不明受損
1. 記下對方車號、車主、駕駛人姓名以及其聯絡電話。
2. 記下案發時間、地點，五日內攜帶保險卡、行照、駕照及保險人印章，將車開至汽車服務廠估價後辦理出險理賠。

失竊
1. 立即至失竊所在地派出所報案。
2. 記下案發時間、地點，五日內攜帶保險卡、行照、駕照及保險人印章，將車開至汽車服務廠估價後辦理出險理賠。

若需要協助緊急事故處理請撥打24小時客戶服務專線

Chapter 17 學後評量

一、選擇題

_____ 1. 新車的基本保證以先到者為基準條件為何？

(A) 自交車起 3 年內或 8 萬公里　　(B) 自交車起 4 年內或 12 萬公里
(C) 自交車起 1 年內或 5 萬公里　　(D) 自交車起 5 年內或 10 萬公里

_____ 2. 以下何者非保險業主管機關？

(A) 國防部　　(B) 金管會　　(C) 國稅局　　(D) 行政院公平交易委員會

_____ 3. 強制汽車責任險賠償基礎採用？

(A) 部分賠償責任　　　　　　(B) 推定過失責任
(C) 過失責任　　　　　　　　(D) 限額無過失責任

_____ 4. 新車電瓶保證以先到者為準為何？

(A) 二年或兩萬公里　　　　　(B) 三年或三萬公里
(C) 一年或兩萬公里　　　　　(D) 四年或四萬公里

_____ 5. 當保險公司勘估前，被保險汽車之損毀應？

(A) 待警方處理後，即可進廠維修
(B) 可先自費維修再依收據向保險公司請款
(C) 自認倒楣自行付款
(D) 需保險公司勘估後方可進行維修

_____ 6. 新車保證成本應由誰承擔？

(A) 供應商　　(B) 服務部　　(C) 行銷部　　(D) 總代理商

_____ 7. 保證業務在更換總成零件之時機，何者不適當？

(A) 故障範圍擴及整個總成　　(B) 廠方特別通知時
(C) 更換後比構成零件便宜　　(D) 應顧客要求

_____ 8. 以下何者不在新車保證補償範圍內？

(A) 消耗品　　(B) 正常操作下的零件損壞　　(C) 電瓶　　(D) 火星塞

_____ 9. 新車輪胎的保證期為何？

(A) 自交車起一年內　　　　　(B) 自交車起二年內
(C) 自交車起三年內　　　　　(D) 自行約定

_____ 10. 俗稱的甲、乙、丙式車體險，保障範圍及保費應為？

(A) 甲＞乙＞丙　　(B) 丙＞乙＞甲　　(C) 乙＞甲＞丙　　(D) 都一樣

Chapter 17 學後評量

二、填充題

1. 汽車保險主要分為 _____ 和 _____ 兩二類。
2. 依法令規定最基本必保的是 _____，可自行選擇是否投保的為 _____。
3. _____ 就是當汽機車整車被偷時，會啟動理賠。
4. 要預防汽車貴重零件被偷損失慘重，可加保 _____。
5. _____ 就是用來保障雙方車輛、乘客的受損部分。
6. 車碰車的事故，只要有報警，都會進行理賠是 _____。
7. _____ 是政府規定，無論汽機車都必須要投保。
8. _____ 可用來彌補強制險的不足。
9. 車體險可分為甲、乙、丙式險，其範圍 _____ 大於 _____ 大於 _____。
10. 汽車保證的責任判定如有爭議時，需由 _____ 單位仲裁之。

三、問答題

1. 汽車保險的種類演進亦同推陳出新，列舉出二種？

2. 請略述汽車保證補償的三原則？

Chapter 18

顧客滿意與職場倫理

18-1　員工滿意、顧客滿意、公司獲利之關聯

18-2　從公司文化看職場倫理

18-3　對「服務」應有的認知

職場常言：有滿意的員工，才有滿意的顧客；有滿意的顧客，才有滿意的業績；有滿意的業績，才有滿意的公司福利。反之亦然。所以員工、顧客、公司三者息息相關環環相扣，尤其員工與公司更是共存共榮。

本章節討論說明顧客滿意、公司與員工的共存共榮關係，以及身為服務業從業人員應有的觀念與態度。

18-1 員工滿意、顧客滿意、公司獲利之關聯

公司存在的價值與目的～就是獲利(賺錢)！

公司～要有獲利才能健全的薪資福利、升遷制度、改善設備、建立安全的工作環境；有了健全優質體制，就能留住員工進而培養優秀的員工；有了優秀的員工，就能提供優質的服務給顧客。

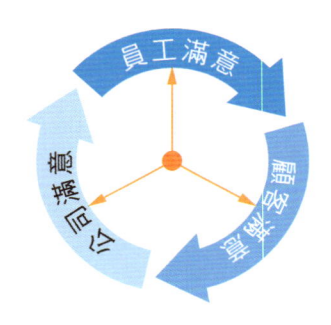

優質服務建立良好的口碑，就能留住顧客再創造客源；客源增加，公司獲利就能持續成長，進而邁向擴大及永續經營～～～常有這樣有趣的討論卻也是嚴肅的課題，如右圖：順時鐘是良性循環，逆時鐘是惡性循環 是無疑義的，問題是：那該從哪裡開始？這就如同：是先有雞？還是先有蛋？的大哉問。不一定有標準答案，就請同學們思考、討論…

想想：【滿意】的條件 是甚麼呢？下表供同學們參考：

服務業三寶	員工滿意	顧客滿意	公司滿意
滿意的元素	薪資、休假、願景公司氛圍、工作環境升遷、獎懲制度…	人：專業、親切、信賴 車：好品質、高效率 價格：經濟實惠、物超所值 環境：舒適、乾淨的場所	公司獲利、業界口碑顧客、員工滿意永續經營

18-2 從公司文化看職場倫理

一、在公司方面

勿堅持己見，配合既定方向！除非你是決策者！很多時候是以成敗論英雄。結果比對錯重要。何況又有誰可證明當下絕對的對與錯呢？同樣是公司管理，有的是法理情、有的是情理法；有的只看結果，有的重視過程；同樣都是業績掛帥，有的是要當下立竿見影、成果亮麗；但有的是要穩定長遠，細水長流、穩扎穩打。公司是一個群體組成，每人對事情看法總有差異。各部門各司其職，也因職務立場不同考量方向也不同。正所謂：位置不同、腦袋不同！因此摩擦競爭甚至對立難免。身為當中一份子，應如何處置？這是一門沒有標準答案，也或許是不同階段，答案未必相同的重要課題。個人思考討論之…。

二、在個人方面

專業技術打底，充實內涵，廣結善緣為架構！常說：成功～是三分努力七分人際！是其來有自的。身為技術者切勿因一技在身而心高氣傲、恃才傲物。要記得：遴選幹部的要件，專業、技術往往只是的考量之一，對人、事的態度、觀念、領導統御，才是遴選幹部的第一優先！

所以：技術專業強是優秀技術員基本的第一步，這是硬實力；進階的是：讓顧客、同事、長官肯定，是應對進退、人際關係的軟實力；再來是內涵，腹有詩書氣自華，帶兵帶心、運籌帷幄的領導統御力。稱職的幹部：不在本身的技術專業多強，而是能培養帶領一支高品質、高效率、有紀律的團隊。總之在個人方面：專業上要精益求精，這是確保工作權的基本條件。

績效上要多多益善、力求表現，加薪是操之在己的（績效獎金）。在人際關係方面～要廣結善緣！是敵人？還是貴人？；是部屬？還是長官？世事難料但總不昧因果。建立良好人際關係，未來的路將更寬廣。您對人對事的態度，將決定職場的高度！

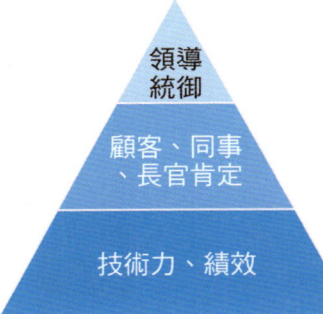

18-3 對「服務」應有的認知

一、在團隊而言

整個服務流程，有如大隊接力：想想～怎樣團隊成果才會亮麗？也有如木桶：團隊水準如木桶水位，取決在哪呢？社群媒體蓬勃發展，顧客感受很容易一 PO 眾人知。影響公司形象、營運甚大。一個人、一個動作、甚至一句話，可能會影響了團隊眾人的努力成果。然若又 PO 上了社群媒體，那影響的程度將更難以衡量。所以：顧客滿意～從不是一個人的事，是整個團隊成果的呈現。

二、在個人而言

服務如同修練！面對各形各色的顧客；處理不同的需求，切記：有脾氣是本性，控制脾氣才是本事！這是從事服務業應有的基本體認。所以：做【好服務】很難用單純的工作 SOP(標準作業流程)可以涵蓋所有狀況。想想…還有甚麼是【服務】的元素呢？可討論之…（如：同理心、將心比心、總是為你設想…）另做好服務是目標，但也不建議過度服務。面對不理性、過分的要求，不建議為了顧客滿意一昧的委曲求全。如何委婉說明、堅守底線與尊嚴？是從事服務業人員，永遠的課題與挑戰。

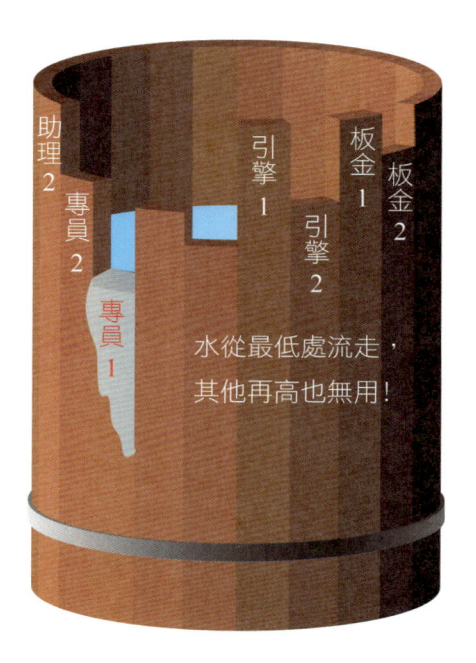

水從最低處流走，其他再高也無用！

本章後語

服務業是場漫長的馬拉松。要顧客滿意才能經營長久；也要營收獲利佳才有好福利。如何調整步伐與呼吸是專業經理人的考驗。也有如騎乘自行車，前輪是顧客滿意；後輪是業績獲利，前輪往上後輪自然跟上，反之亦然。從業人員要凝聚大家都是舵手的共識，團隊方能步伐穩健成為業界的領導者。

本章以這句汽車服務業名言做結語，讓同學們踏入職場前，思考後內化入心：【修理車之前，先修理人！】。

Chapter 18 學後評量

一、選擇題

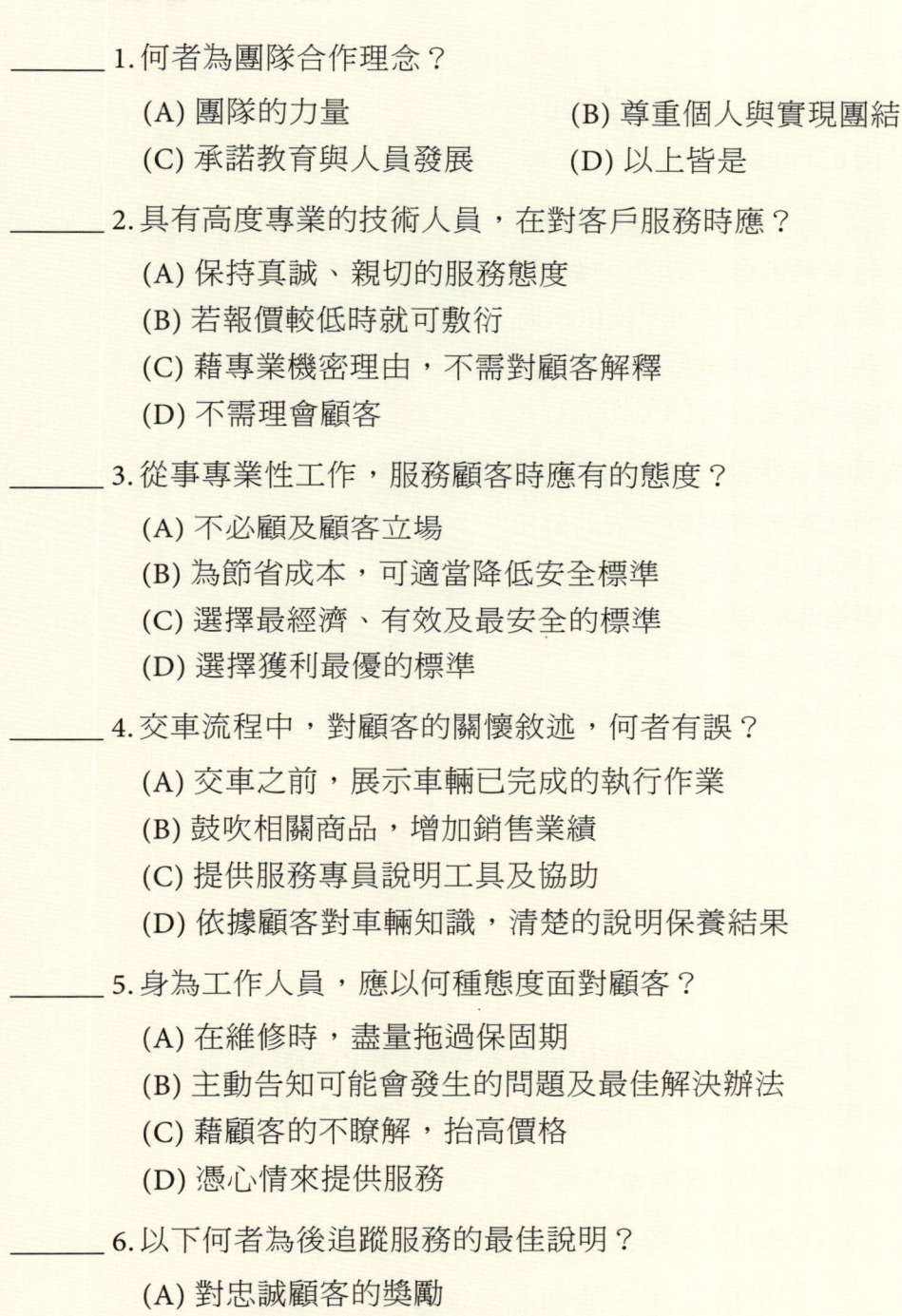

_____ 1. 何者為團隊合作理念？

  (A) 團隊的力量   (B) 尊重個人與實現團結
  (C) 承諾教育與人員發展   (D) 以上皆是

_____ 2. 具有高度專業的技術人員，在對客戶服務時應？

  (A) 保持真誠、親切的服務態度
  (B) 若報價較低時就可敷衍
  (C) 藉專業機密理由，不需對顧客解釋
  (D) 不需理會顧客

_____ 3. 從事專業性工作，服務顧客時應有的態度？

  (A) 不必顧及顧客立場
  (B) 為節省成本，可適當降低安全標準
  (C) 選擇最經濟、有效及最安全的標準
  (D) 選擇獲利最優的標準

_____ 4. 交車流程中，對顧客的關懷敘述，何者有誤？

  (A) 交車之前，展示車輛已完成的執行作業
  (B) 鼓吹相關商品，增加銷售業績
  (C) 提供服務專員說明工具及協助
  (D) 依據顧客對車輛知識，清楚的說明保養結果

_____ 5. 身為工作人員，應以何種態度面對顧客？

  (A) 在維修時，盡量拖過保固期
  (B) 主動告知可能會發生的問題及最佳解決辦法
  (C) 藉顧客的不瞭解，抬高價格
  (D) 憑心情來提供服務

_____ 6. 以下何者為後追蹤服務的最佳說明？

  (A) 對忠誠顧客的獎勵
  (B) 對服務人員的激勵方式
  (C) 對顧客車輛的進廠保養後，並藉以表達感謝和確認顧客的滿意度
  (D) 一種販賣的技巧，增加工時銷售

Chapter 18 學後評量

_____ 7. 準備接聽服務電話前,要先作怎樣的準備?
    (A) 找椅子坐下來
    (B) 確認接電話的時間
    (C) 等電話響 6 聲後,再從容接起
    (D) 應準備正向的心態應對

_____ 8. 對顧客而言,定保的提醒有何益處?
    (A) 顧客的車輛可由經銷商全權處理
    (B) 可在顧客方便時間內,提供適時、有效的提醒及費用的預估
    (C) 協助零件部門零庫存
    (D) 可計劃服務廠人員的工作流程

_____ 9. 耐心的處理顧客抱怨,會招致以下何種結果?
    (A) 顧客的抱怨可得到最完善的解決
    (B) 確保車輛的銷售量
    (C) 鞏固經銷商的形象
    (D) 招致更多的抱怨

_____ 10. 從事服務工作時,與客服約定的時間應為何?
    (A) 盡可能準時依約完成工作
    (B) 配合服務廠方便時間
    (C) 配合自己方便時間
    (D) 能拖就拖

二、填充題

1. 員工、顧客、公司三者息息相關環環相扣,尤其員工與公司更是 _____ 。

2. 公司存在的價值與目的,就是公司能賺錢,才能永續經營來 _____ 。

3. 優質服務建立良好的口碑,就能留住顧客,再 _____ 。

4. _____ ,公司獲利才能持續成長,進而邁向擴大及永續經營。

5. 身為 _____ ,切勿因一技在身而心高氣傲、恃才傲物。

6. 對人、事的態度、觀念、_____ ,職場倫理文化才是公司遴選幹部第一優先考量。

Chapter 18 學後評量

7. 服務如同修練,面對各形各色的顧客,處理不同的需求,以客為尊、＿＿＿＿＿＿＿為最高指導原則。

8. 稱職的幹部,不在本身的技術專業多強,而是能培養帶領一群高品質、高效率、＿＿＿＿＿＿的團隊。

9. 顧客滿意絕不是一個人的事,是整個＿＿＿＿＿＿的呈現。

10. 汽車服務業名言,踏入職場前,思考後內化人心,在修理車之前,先＿＿＿＿＿＿。

三、問答題

1. 何謂汽車服務業三寶滿意的元素?

2. 從公司文化看職場倫理,就公司面、個人面,請簡要說明之?

附錄 – 學後評量解答

Chapter 1

選擇題

1.	2.	3.	4.	5.	6.	7.	8.	9.	10.
B	D	C	A	B	A	C	C	D	B

填充題

1. 安全第一、符合法規。
2. 服務運作流程、客戶滿意度、工作效率。
3. 工作安全、衛生安全。
4. 資源回收區、廢氣排放管設置、烤漆防廢氣處理裝置。
5. 消防演練操作。
6. 安全與合法。
7. 追求成長、永續經營。
8. 廠房的安全、員工的安全、顧客的安全。
9. 教育訓練。
10. 軟體人員、管理機制。

問答題

1. (1) 環保設施：資源回收區、廢氣排放區、烤漆防廢氣處理裝置。
   (2) 消防設施：消防設備、紅色消防管線、消防演練。
   (3) 電氣設施(高壓電氣間)：變電箱、發電機、空壓機。
2. (1) 護目鏡。
   (2) 工作帽。
   (3) 防毒面具。
   (4) 棉手套。
   (5) 防塵口罩。
   (6) 無塵衣。
   (7) 耐溶劑手套。
   (8) 安全鞋。

Chapter 2

選擇題

1.	2.	3.	4.	5.	6.	7.	8.	9.	10.
C	A	D	D	D	C	D	D	A	B

填充題

1. 行車安全。
2. 定期保養檢查。
3. 一般維修。
4. 自行入廠、預約入廠。
5. 事故三聯單。
6. 初步估價。
7. 追加作業。
8. 車主。
9. 關懷維修後車況、確認服務滿意度。
10. 只有更好。

問答題

1. 定期保養的目的在維持車輛性能在最佳狀態，以確保駕駛人行車安全。
2. (1) 自費鈑噴：車輛因事故造成外觀或車體損毀，須實施鈑金噴漆做業者，而車輛又未投保，需自行付費維修者。
   (2) 出險理賠定義：車輛因事故造成外觀或車體損毀，車輛有投保車體險，可向投保保全公司申請出險理賠，實施車輛維修。

Chapter 3

選擇題

1.	2.	3.	4.	5.	6.	7.	8.	9.	10.
B	A	A	D	C	A	A	B	C	D

填充題

1. 服務態度。
2. 車身鈑噴。
3. 定期保養邀約。
4. 預約受理。
5. 出險理賠。
6. 服務接待。
7. 顧客應對、抱怨處理。
8. 同理心、換位思考。
9. 時間掌握。
10. 維修部位確認、環車檢查確認。

問答題

1. (1) 良好第一印象：服裝儀容、笑容、禮儀、準備好等待他、稱呼姓。
   (2) 顧客入場目的：顧客這次入廠目的確認。
   (3) 這次維修費：說清楚，講明白！需要的費用、時間、更換項目、作法。
   (4) 我們的承諾：完成顧客需求，準時交車。
2. 5W1H 問診：何人 who? 何事 what? 何時 when? 何地 where? 何事物 why? 及如何作 how?

Chapter 4

選擇題

1.	2.	3.	4.	5.	6.	7.	8.	9.	10.
C	A	D	A	B	D	A	C	D	B

填充題

1. 作業進度。
2. 1.3。
3. 車主。
4. 目視管理、看板管理、走動管理。
5. 車輛預約量。
6. 車內吸塵、車身清潔、物品歸位。
7. 求新求變。
8. 快速保養、一般維修。
9. (a) 顧客引導 (b) 資料確認／結帳 (c) 下次定保提醒 (d) 感謝顧客惠顧。
10. 主要項目。

問答題

1. (1) 容量設定。
   (2) 派工優先順序與考量。
   (3) 進度管理。
   (4) 中間檢查。
   (5) 異常的處理。
   (6) 完工檢查。
   (7) 洗車與交車。
2. (1) 進度異常狀況發生時，首先從人力安排、技術力安排及作業流程安排是否足夠著手了解，找出根源，避免再發生，記得每一個異常，都是改善的契機，同時也要注意回報與顧客方面的處理。
   (2) 異常作業處理是維修廠幹部挑戰，也是廠務管理一門高深學問。

Chapter 5

選擇題

1.	2.	3.	4.	5.	6.	7.	8.	9.	10.
B	B	D	C	D	A	B	D	A	C

11.	12.	13.	14.	15.	16.	17.	18.	19.	20.
A	A	D	A	C	D	B	D	C	A

Chapter 6

選擇題

1.	2.	3.	4.	5.	6.	7.	8.	9.	10.
A	A	D	B	D	D	D	C	A	D

11.	12.	13.	14.	15.	16.	17.	18.	19.	20.
D	B	D	A	A	A	D	D	C	A

Chapter 7

選擇題

1.	2.	3.	4.	5.	6.	7.	8.	9.	10.
D	C	B	A	D	A	C	D	A	C

11.	12.	13.	14.	15.	16.	17.	18.	19.	20.
D	C	D	A	D	B	A	A	D	A

Chapter 8

選擇題

1.	2.	3.	4.	5.	6.	7.	8.	9.	10.
D	A	D	A	D	A	B	C	B	C

11.	12.	13.	14.	15.	16.	17.	18.	19.	20.
C	A	D	A	B	B	A	B	D	A

Chapter 9

選擇題

1.	2.	3.	4.	5.	6.	7.	8.	9.	10.
B	D	B	C	A	B	A	A	D	D

11.	12.	13.	14.	15.	16.	17.	18.	19.	20.
A	D	A	A	B	D	D	D	A	A

附錄 – 學後評量解答

Chapter 10

選擇題

1.	2.	3.	4.	5.	6.	7.	8.	9.	10.
A	B	C	D	B	D	A	C	B	D

11.	12.	13.	14.	15.	16.	17.	18.	19.	20.
B	A	B	D	C	A	B	D	A	B

Chapter 11

選擇題

1.	2.	3.	4.	5.	6.	7.	8.	9.	10.
C	D	A	B	C	C	A	C	D	A

11.	12.	13.	14.	15.	16.	17.	18.	19.	20.
B	A	A	B	D	B	B	A	B	A

Chapter 12

選擇題

1.	2.	3.	4.	5.	6.	7.	8.	9.	10.
B	D	A	A	B	B	B	A	C	D

11.	12.	13.	14.	15.	16.	17.	18.	19.	20.
A	A	C	B	A	A	D	A	B	C

Chapter 13

選擇題

1.	2.	3.	4.	5.	6.	7.	8.	9.	10.
A	B	A	B	C	B	A	D	D	D

11.	12.	13.	14.	15.	16.	17.	18.	19.	20.
A	A	B	D	C	A	A	D	C	A

Chapter 14

選擇題

1.	2.	3.	4.	5.	6.	7.	8.	9.	10.
D	A	B	A	D	D	C	A	B	A

11.	12.	13.	14.	15.	16.	17.	18.	19.	20.
B	D	C	C	D	B	A	A	B	B

Chapter 15

選擇題

1.	2.	3.	4.	5.	6.	7.	8.	9.	10.
A	D	A	D	A	B	D	B	B	B

11.	12.	13.	14.	15.	16.	17.	18.	19.	20.
A	A	C	A	D	B	A	C	A	D

Chapter 16

選擇題

1.	2.	3.	4.	5.	6.	7.	8.	9.	10.
B	A	D	A	B	A	D	D	D	A

11.	12.	13.	14.	15.	16.	17.	18.	19.	20.
D	A	D	A	B	A	B	A	D	B

Chapter 17

選擇題

1.	2.	3.	4.	5.	6.	7.	8.	9.	10.
B	A	D	C	D	A	D	A	C	A

填充題

1. 強制險、任意險。
2. 強制險、任意險。
3. 失竊險。
4. 零件失竊險。
5. 第三人責任險。
6. 丙式險。

7. 強制險。
8. 第三人責任險。
9. 甲、乙、丙。
10. 第三公正。

問答題

1. (1) 因應超跑推出的超額責任險。
   (2) 因應極端氣候的巨變推出洪水險、電擊險。
2. (1) 品質問題。
   (2) 時間或里程以先到為準。
   (3) 消耗品不保。

Chapter 18

選擇題

1.	2.	3.	4.	5.	6.	7.	8.	9.	10.
D	A	C	B	B	C	D	B	A	A

填充題

1. 共存共榮。
2. 服務顧客。
3. 創造客源。
4. 客源增加。
5. 技術者。
6. 領導統御。
7. 顧客至上。
8. 有紀律。
9. 團隊成果。
10. 修理人。

問答題

1. (1) 員工滿意：薪資、休假、願景、公司氛圍、工作環境、升遷、獎勵制度。
   (2) (a) 人：專業、親切、信賴。
       (b) 車：好品質、高效率。
       (c) 價格：經濟實惠、物超所值。
       (d) 環境：舒適、乾淨的場所。
   (3) 公司滿意：公司獲利、業界口碑、顧客、員工滿意、永續經營。
2. (1) 在公司方面：勿堅持己見，配合既定方向，除非你是決策者。
   (2) 在個人方面：專業技術打底，充實內涵、廣結善緣為架構。

附錄 - 工具表

工具表

章節	工具組
Ch5 引擎之動力篇 ～汽門機構調校	C1376_ 多功能免拆式汽門彈簧拆裝工具組
Ch6 引擎之動力傳遞篇 ～變速箱拆換	A1117_ 專利齒輪式多功能拆裝架
Ch7 引擎之懸吊系統篇 ～避震器油壓桿拆裝	B2095_ 多功能油壓彈簧避震拆裝器
Ch8 引擎之懸吊系統篇 ～後軸樑鐵套拆裝	B1623_TOYOTA 後橋懸掛鐵套拆裝工具組
Ch9 引擎之底盤篇 ～輪軸承拆裝	A1096_ 油壓輪軸拆卸組 B1008_ 通用免拆三角架前後輪軸承拆裝工具組

汽車維修工具

搭配書籍
汽車維修與實務管理
書號：CB03901
作者：黃盛彬・張簡溪俊
建議售價：$420

產品售價及規格

產品			
H.C.B-A1096 油壓輪軸拆卸組 產品編號：4067001 建議售價：$12,790	H.C.B-A1117 專利齒輪式多功能拆裝架 產品編號：4067002 建議售價：$30,430	H.C.B-A1117-09 變速箱固定架 (K120) 產品編號：4067003 建議售價：$20,948	H.C.B-A1117-2 廢油盤 產品編號：4067004 建議售價：$9,262

產品說明

- 可搭配手動或是氣動幫浦。
- 此組工具易於拆卸大部分的四五孔前輪軸。

- 多用途，可用於各種型式引擎、變速箱大修。
- 讓維修引擎或變速箱時可 360°迴轉，使得修護工作更得心應手，是省時及省錢的利器。
- 容易存儲。
- 載重：1000LBS。

| H.C.B-B1008
通用免拆三角架前後輪軸承拆裝工具組
產品編號：4067005
建議售價：$8,820 | H.C.B-B1623
TOYOTA 後橋懸掛鐵套拆裝工具組
產品編號：4067006
建議售價：$15,436 | H.C.B-B2095
多功能油壓彈簧避震拆裝器
產品編號：4067007
建議售價：$92,400 | H.C.B-C1376
多功能免拆式汽門彈簧拆裝工具組
產品編號：4067008
建議售價：$16,978 |

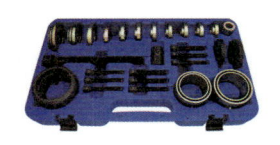

產品說明

- 新型工具新工法實作練習，提升效率。

- 此工具組用於拆卸與安裝 TOYOTA 後橋懸掛鐵套。
- 車上即可拆卸。
- 省時、省力、安全、專業。

- 可適用於所有類型避震器的拆卸及維修。此外，也適用於所有大型 SUV 車種，如：BMW、Mercedes-Benz、Audi、Porsche、Lexus、Infinity……等。
- 具安全護欄，以避免操作時可能的危險。
- 安全裝置，可避免操作者於安全護欄開啟的情況下使用本拆卸器。
- 全新可調式下支撐座，於操作時可於下方支撐臂震器，並具備前後、左有、高低可調。

- 可於車上更換汽門彈簧、油封、閥桿（免拆汽缸床）。
- 在狹窄引擎室中特別得心應手。
- 適用歐、美、日系車種，如 BENZ、BMW、VOLVO、TOYOTA TERCEL、FORD、MITSUBISHI SAVRIN、VW、MAZDA TRIBUTE 等等。
- 特別適合 BENZ V6、BMW V8 引擎的維修。
* 本工具組榮獲德國及台灣新型專利。

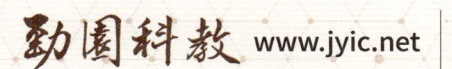

勁園科教　www.jyic.net

諮詢專線：02-2908-5945 或洽轄區業務
歡迎辦理師資研習課程

書　　　名	汽車維修與實務管理
書　　　號	CB03901
版　　　次	2020年11月初版 2025年 8月二版
編 著 者	黃盛彬、張簡溪俊
責 任 編 輯	連兆淵
校 對 次 數	6次
版 面 構 成	楊蕙慈
封 面 設 計	楊蕙慈

國家圖書館出版品預行編目資料

汽車維修與實務管理 / 黃盛彬、張簡溪俊 編著. -- 二版. -- 新北市：台科大圖書股份有限公司, 2025.08
面；　公分
ISBN 978-626-391-595-4(平裝)
1.CST：汽車配件
447.166　　　　　　　　　114010556

出 版 者	台科大圖書股份有限公司
門 市 地 址	24257新北市新莊區中正路649-8號8樓
電　　　話	02-2908-0313
傳　　　真	02-2908-0112
網　　　址	tkdbook.jyic.net
電 子 郵 件	service@jyic.net
版 權 宣 告	有著作權　侵害必究

本書受著作權法保護。未經本公司事前書面授權，不得以任何方式（包括儲存於資料庫或任何存取系統內）作全部或局部之翻印、仿製或轉載。

書內圖片、資料的來源已盡查明之責，若有疏漏致著作權遭侵犯，我們在此致歉，並請有關人士致函本公司，我們將作出適當的修訂和安排。

郵 購 帳 號	19133960
戶　　　名	台科大圖書股份有限公司
	※郵撥訂購未滿1500元者，請付郵資，本島地區100元 / 外島地區200元
客 服 專 線	0800-000-599
網 路 購 書	勁園科教旗艦店　蝦皮商城　　博客來網路書店　台科大圖書專區　　勁園商城
各服務中心	總　公　司　02-2908-5945　　台中服務中心　04-2263-5882 台北服務中心　02-2908-5945　　高雄服務中心　07-555-7947
	線上讀者回函　歡迎給予鼓勵及建議 tkdbook.jyic.net/CB03901